植物王国里的为什么

优可编写组◎编著

朝华出版社
BLOSSOM PRESS

U0309313

图书在版编目（CIP）数据

植物王国里的 N 个为什么 / 优可编写组编著. -- 北京：朝华出版社，2022.3
ISBN 978-7-5054-4868-1

Ⅰ. ①植… Ⅱ. ①优… Ⅲ. ①植物－少儿读物 Ⅳ.
①Q94-49

中国版本图书馆 CIP 数据核字(2021)第 260551 号

植物王国里的 N 个为什么

作　　者　优可编写组

责任编辑　王　丹
责任印制　陆竞赢　崔　航
装帧设计　柳伟毅

出版发行　朝华出版社
社　　址　北京市西城区百万庄大街 24 号　　邮政编码　100037
订购电话　（010）68996050　68996522
传　　真　（010）88415258（发行部）
联系版权　zhbq@cipg.org.cn
网　　址　http://zhcb.cipg.org.cn
印　　刷　三河市祥达印刷包装有限公司
经　　销　全国新华书店
开　　本　880mm×1230mm　1/32　　　　字　　数　112 千字
印　　张　5
版　　次　2022 年 3 月第 1 版　2022 年 3 月第 1 次印刷
装　　别　平
书　　号　ISBN 978-7-5054-4868-1
定　　价　29.80 元

主角介绍

◎ **爱提问的兰兰**

兰兰是一个爱学习的小学生，她在生活和学习中善于发现问题，经常积极提问，不断去探究问题的答案。

◎ 博学的爷爷

兰兰的爷爷是一位退休的大学教授，学识渊博，能用简单的方式把一个很复杂的问题讲得又清楚又有趣。

快来跟随我们的两位主角探索一下植物王国的奥秘吧！

目　录

藻类植物

01 海带——海带为什么有绿色和褐色之分？/ 002

02 狐尾藻——种植狐尾藻需要泥土吗？/ 004

菌类植物

03 黑松露——黑松露有什么传说故事？/ 008

04 长裙竹荪——竹荪为什么被誉为"菌中皇后"？/ 010

05 香菇——谁发明了人工栽培香菇的技术？/ 012

06 死亡帽——死亡帽的毒性有多强？/ 014

07 金针菇——食用金针菇有什么好处？/ 016

08 恶魔雪茄——恶魔雪茄是什么时候被发现的？/ 018

09 炫蓝蘑菇——在哪里可以见到炫蓝蘑菇？/ 020

10 紫灵芝——关于灵芝的神话传说你知道几个？/ 022

11 茯苓——文人赞美茯苓的诗词有哪些？/ 025

12 白灵菇——阿魏菇的故事你听过吗？/ 028

地 衣

13 松萝——松萝茶是由松萝制成的吗？/ 032

14 石蕊——石蕊试剂遇到什么会变色？/ 035

15 石耳——你知道李时珍采摘石耳的故事吗？/ 037

苔藓植物

16 葫芦藓——为什么葫芦藓的根被称为"假根"？/ 042

17 万年藓——描述苔藓的诗词有哪些？/ 044

蕨类植物

18 荷叶铁线蕨——荷叶铁线蕨为什么会濒危？/ 048

19 井边草——井边草有什么作用与功效？/ 050

20 蕨菜——蕨菜的主要品种有哪些？/ 052

21 笔筒树——被称为"活化石"的树种还有哪些？/ 054

22 桫椤——哪种植物被称为"蕨类植物之王"？/ 056

23 鹿角蕨——我国第一次发现鹿角蕨在哪儿？/ 058

24 满江红——满江红有什么作用？/ 060

25 卷柏——卷柏有什么传说故事？/ 062

裸子植物

26 侧柏——侧柏竟然是一种有毒的植物？/ 066

27 松树——松树的叶子为什么像针一样细？/ 067

28 银杏——银杏的果实为什么那么臭？/ 070

29 红杉——红杉的名字源于哪里？/ 072

30 苏铁——铁树多久开一次花？/ 074

被子植物

31 猴面包树——猴面包树的树干为什么那么粗？/ 078

32 紫薇——"痒痒树"的名号从何而来？/ 080

33 嘉兰——嘉兰是哪国的国花？/ 082

34 橡胶树——橡胶树为什么"爱流泪"？/ 084

35 郁金香——郁金香可以放在卧室里吗？/ 086

36 蒲公英——关于蒲公英有什么美丽的传说吗？/ 088

37 向日葵——向日葵总是朝向太阳吗？/ 091

38 含羞草——含羞草为什么会害羞？/ 094

39 胡杨——胡杨树能活多少年？/ 096

40 仙人掌——仙人掌为什么不怕干旱？/ 099

41 断肠草——有关于断肠草的民间故事吗？/ 101

42 见血封喉——见血封喉为什么被称为"毒木之王"？/ 104

43 魔芋——魔芋和芋头是一种植物吗？/ 106

44 紫苜蓿——你听过关于紫苜蓿的传说吗？/ 108

45 红树——红树林有什么作用？/ 111

46 龙血树——龙血树是如何自我"疗伤"的？/ 113

47 乌头——为什么乌头被称为"剧毒圣药"？/ 115

48 夹竹桃——你知道关于夹竹桃的传说吗？/ 117

49 铁桦树——世界上最硬的树是什么？/ 120

50 神秘果——为什么神秘果会改变人的味觉？/ 122

观赏植物

51 虞美人——虞美人是哪国的国花？/ 126

52 风信子——风信子的花语是什么？/ 128

53 秋海棠——你知道描绘秋海棠的诗词吗？/ 130

54 凤仙花——凤仙花真的可以当作"指甲油"吗？/ 133

55 长春花——长春花是在春季开花吗？/ 135

56 仙客来——仙客来是哪个国家的国花？/ 137

57 菊花——菊花究竟有多少个品种？/ 139

58 木兰——描写木兰花的诗词都有哪些？/ 142

59 睡莲——世界上最大的睡莲和最小的睡莲分别是

什么？/ 145

60 佛手——你知道关于佛手的传说吗？/ 147

藻类植物

01 海带

—— 海带为什么有绿色和褐色之分?

兰兰妈妈打算晚上做海带汤,于是爷爷就带着兰兰来菜市场买海带。兰兰看到摊位上的海带宛如一条条绿色的裙带在翩翩起舞,看着十分诱人,便让爷爷买。爷爷却说:"别看它们绿油油的,很漂亮,有可能是被商家处理过的,因为海带的本色是褐色的!"

·植物小百科·

海带既没有茎，也没有枝，全身就像一片长长的叶子，是一种碘含量很高的海生褐藻植物。海带一般生长在浅海海底的岩石上，有"海底森林"的美称。植物一般都有根系，而海带是没有根的，它只有假根。海带的假根并不能用来吸取养料，只能用来固着在岩石上，因而又称为"固着器"。

海带的营养价值很高，同时具有一定的药用价值。海带热量低、蛋白质含量中等、矿物质丰富，多食海带能防治甲状腺肿大，预防动脉硬化，降低胆固醇、血脂和血糖。

·提问小课堂·

兰兰 爷爷，海带为什么有绿色和褐色之分呢？

爷爷 海带属于藻类植物，主要含有叶绿素、胡萝卜素以及叶黄素。海带中叶黄素含量最多，掩盖了叶绿素，海带就呈现出褐色。而海带经过加热后叶黄素被破坏，叶绿素释放，就变成绿色了。

🧑 兰兰 那海带变成绿色后还能食用吗？

👴 爷爷 新鲜的海带被开水烫一下马上就变成绿色，这属于正常现象，可以食用。但如果生海带是绿色的，那它们可能是经过商家处理的，这样的海带就不要吃了。

02 狐尾藻
——种植狐尾藻需要泥土吗？

周末，爷爷带兰兰来花鸟鱼虫市场买鱼缸，兰兰走着走着就被漂亮的生态鱼缸吸引了。兰兰发现很多鱼缸里都有一种水草，于是好奇地问爷爷："这是什么植物呀？怎么鱼缸里都有这种植物？"爷爷回答道："这叫狐尾藻。"

·植物小百科·

　　狐尾藻是小二仙草科狐尾藻属植物，是多年生粗壮沉水草本。它的根非常发达，可以在水下的泥中生长蔓延，在节处生根。它的茎是圆柱形的，有很多分枝。它的叶子是披针形，呈明亮的绿色，裂片较宽，特别强壮。狐尾藻在世界各地分布广泛，常能在池塘、河沟、沼泽中见到。

　　狐尾藻是一种观赏性很高的植物，通常用于装饰鱼缸；它还可以作为饲料喂猪、喂鸡；它还能净化污水，能大量吸收水中的氮、磷。

·提问小课堂·

兰兰 爷爷，狐尾藻种植在水下，那它还需要泥土的滋养吗？

爷爷 绝大多数植物都需要靠泥土来提供养料和水分，狐尾藻当然也不例外。狐尾藻对土壤的要求甚至更高，它需要种植在富含微量元素、土质疏松且排水性好的沙质土壤中，这能促使它后期生长得更旺盛。另外，我们平时在养护狐尾藻时，除了保证良好的土壤条件之外，还需要给予它适宜的光照，以促使光合作用顺利完成。此外，充足的水分和适量的肥料也能促使它健康生长。

菌类植物

03 黑松露

——黑松露有什么传说故事？

中秋节，爷爷给兰兰带回一盒月饼，兰兰迫不及待地打开盒子看了看是什么口味的。"黑松露流心奶黄月饼！看起来很好吃啊！不过黑松露是什么呀？"兰兰好奇地问道。爷爷回答说："黑松露是一种生长在地下的野生食用真菌，有很高的营养价值，快尝尝吧！"

·植物小百科·

黑松露，也被称为"块菌"，是一种生长在地下的野生食用真菌。黑松露长得圆溜溜、黑漆漆的，它的表面凹凸不平，有很多褶皱。黑松露的气味很特殊，并且难以形容，有人把它描述成泥土、蒜蓉、臭鸡蛋的味道，有人把它描述成腐烂树叶、硫黄的味道，还有人把它描述成奶酪、蜂蜜的味道，等等。

黑松露是法餐中一种神秘、昂贵、显赫的食物，因其稀有和独特而被奉为"餐桌上的黑色钻石"。黑松露对生长环境非常挑剔，只要阳光、水分或者土壤的酸碱值稍有变化，它就无法生长。

提问小课堂

爷爷 黑松露昂贵稀缺，身世充满了传奇色彩。

兰兰 那关于黑松露有什么有趣的传说吗?

爷爷 古希腊时期，有一位叫西奥弗斯塔斯的植物学家，他是亚里士多德的弟子。他认为黑松露是秋天里伴随着雨水和雷电而生的植物。但公元前1世纪，希腊有一位名叫迪奥斯科利奇的医生，他认为黑松露没有茎和叶，是直根。还有一位罗马作家普利纽斯，他认为天气炎热加上雨水和雷电会导致土地生病，生病的土地就会长出一些奇怪的东西，黑松露就是其中的一种。后来，欧洲人把黑松露视为不祥之物。

兰兰 黑松露还真是神秘！那还有其他说法吗？

爷爷 关于黑松露还有一个未解之谜，就是当黑松露慢慢进入成熟期时，生长在黑松露周围的草就会枯萎，仿佛被烧焦了一样。此时就有人联想到，每到春天，在橡树须根上就会慢慢长出黑松露菌根。所以有学者大胆猜测，这种现象是因为黑松露和橡树的关系紧密，它们在一起会释放某种激素，这种激素会摧毁其他植物，但是这种说法一直没有得到证实。

04 长裙竹荪
——竹荪为什么被誉为"菌中皇后"？

一天下雨，兰兰一家去吃火锅，兰兰点菜时发现有一种从没见过的菜，便问身旁的爷爷："菜单上的这个竹荪是什么啊？我之前都没有见过。"爷爷笑着对兰兰说："听我给你讲。"

·植物小百科·

长裙竹荪是鬼笔科竹荪属的真菌，又名竹荪、竹笙、竹参。长裙竹荪的盖部四周挂着网络状裙带，宛如身穿白裙的仙女。

竹荪口味鲜美，是珍贵的食用菌之一，且对减肥、防癌、降血压、美白祛黑等均具有明显效果。通常情况下想找到野生的长裙竹荪很困难，我国的竹荪主要产于福建、湖南、广东、广西、四川、云南、贵州等少数山区的竹林中。

·提问小课堂·

兰兰 爷爷，我刚刚查阅了一些资料，发现竹荪被称为"菌中皇后",为什么这么称呼它呢?

👴 **爷爷** 因为竹荪长相俏丽,而且是"四珍"之首。竹荪的模样很可爱,它长着雪白的菌柄,菌柄上顶着洁白飘逸的菌裙,菌裙上长着一颗墨绿色的"小脑袋"。当然,竹荪之所以会有"菌中皇后"的美名,不仅仅是因为它长得漂亮,更因为它具有其他很多菌类无法匹敌的丰富营养和鲜美独特的滋味。

👧 **兰兰** 那"四珍"又指什么呢?

👴 **爷爷** 人们把竹荪、猴头菇、香菇和银耳并称为"四珍"。

05 香菇

——谁发明了人工栽培香菇的技术?

周末,爷爷带兰兰去一个老教授家里吃饭,兰兰在院子里玩耍的时候看见香菇棒上长满了香菇,一朵朵香菇像一把把小伞,于是她急忙叫来爷爷和老教授。老教授让兰兰把香菇摘了下来，亲自下厨做了一道菜。"真是太鲜太美味了，这比平时我们从菜市场买来的好吃多了！"兰兰忍不住赞叹。

·植物小百科·

香菇是口蘑科香菇属的植物，它表面多为褐色，但肉质呈白色。香菇起源于我国，是世界第二大菇，也是我国盛名远扬的珍贵食用菌。我国是最早栽培香菇的国家。

香菇肉质肥厚细嫩，营养价值高，是一种食药同源的食物，历代医药学家对香菇的药性及功用均有著述。

·提问小课堂·

兰兰 爷爷，既然我国最早栽培香菇，那是谁发明了人工栽培香菇的技术呢?

👴 **爷爷** 据传,最早发明这项技术的是南宋的吴煜,人们称他"菇神"。现在我国浙江省龙泉市、景宁县、庆元县三市县交界地带是世界上最早人工栽培香菇的地方。吴煜发明的人工栽培香菇技术,史称"砍花法"。

06 死亡帽
——死亡帽的毒性有多强?

兰兰观看科学百科视频,发现有一种"其貌不扬"的蘑菇能置人于死地,这种蘑菇是世界上最毒的真菌之一。好奇心驱使兰兰走进了爷爷的书房。

·植物小百科·

死亡帽是鹅膏菌科鹅膏菌属的一种真菌，它被认为是世界上毒性最强的蘑菇之一。死亡帽长得和我们平时经常食用的蘑菇没有什么区别，它没有艳丽的颜色，看上去和普通无毒蘑菇很像，所以很容易被误食。如果你在野外看到这种蘑菇，千万不要随便采摘。

·提问小课堂·

兰兰 爷爷，死亡帽的毒性有多强呢？

爷爷 相关研究测试表明，如果误食了死亡帽仅30毫克，就可以导致一个成年人死亡。但是死亡帽的毒性发作并不快，由于每个人的体质不同，所以发作的时间也会不一样，大概会在8—12个小时之内毒发身亡。中毒的表现多为腹痛、呕吐，严重的会导致血压下降、浑身抽搐，更有甚者会出现肾功能衰竭、心脏骤停等症状。

07 金针菇
——食用金针菇有什么好处？

一天，爷爷打算给兰兰做一道自己新学的菜——金汤酸菜鱼。等爷爷做好，兰兰只顾着喝汤，吃里面的鱼和酸菜，金针

菇一口也不吃。爷爷便说："多吃金针菇可是有好处的！"

·植物小百科·

　　金针菇是口蘑科金钱菌属的一种菌，学名毛柄金钱菌。金针菇有着细长的柄，顶部长着伞状的菌盖，菌盖下面长着很多细小褶皱。

金针菇在自然界广为分布，在世界许多国家均有种植。金针菇在我国分布广泛，栽培历史十分悠久。金针菇口感顺滑，营养丰富，氨基酸含量高，是大众喜爱的食用菌之一。

·提问小课堂·

兰兰 爷爷，食用金针菇有什么好处呢？

爷爷 第一，金针菇有益于儿童的智力发育。在美国、日本等国家，金针菇被称为"益智菇"和"增智菇"，因为金针菇含有18种氨基酸，其中两种氨基酸的含量高于一般的菌类，这些氨基酸可以补充人体大脑需要的营养。第二，金针菇可以降低胆固醇。金针菇的菌干含有很多膳食纤维，膳食纤维能促进肠胃的蠕动，加快新陈代谢，能够让人及时排便。第三，金针菇还可以抑制癌细胞。金针菇里含有多种生物活性物质，这些物质对预防心脑血管疾病和癌症有着重要的作用。第四，金针菇可以提高人体的免疫力。金针菇富含膳食纤维、氨基酸、多糖、蛋白质等多种人体不可或缺的营养成分。

08 恶魔雪茄

——恶魔雪茄是什么时候被发现的？

兰兰在网上看到一种植物，这种植物看起来像被劈开的茄子，长得很怪异。于是兰兰跑去问爷爷："这是什么植物啊？长得也太奇怪了！"爷爷说："这是恶魔雪茄，它是一种菌类植物，也是世界上最为罕见的蘑菇之一。"

·植物小百科·

恶魔雪茄可以说是蘑菇中的"明星"，是世界上最稀有的蘑菇之一，只存在于美国得克萨斯州和日本的两个偏远地区，也被称为"得克萨斯之星"。

恶魔雪茄成熟后会裂开，它在裂开之前长得像雪茄，裂开后就像星星一样，是黄褐色的。它裂开时会发出类似海啸的声音，同时还会产生烟雾，特别神奇，这其实是它在释放孢子。恶魔雪茄是非常稀奇少见的，如果你能见到，那真是非常幸运了！

·提问小课堂·

兰兰 爷爷，恶魔雪茄是什么时候被发现的呀？

爷爷 恶魔雪茄在美国得克萨斯州的雪松榆树上生长，在日本的一些腐烂的橡树的树桩或死根中也有生长。关于恶魔雪茄的首次报道是在1937年于日本九州。又过了36年，日本再次报道发现了恶魔雪茄。而在2006年，它又被发现于奈良县附近潮湿的森林中。

09 炫蓝蘑菇

——在哪里可以见到炫蓝蘑菇?

兰兰在手机上看到一种蓝色的蘑菇,就像森林中的小精灵一样。她顿时对这种小蘑菇产生了莫大的兴趣,于是拿起手机便去问爷爷:"这是什么植物啊? 好漂亮! "爷爷说:"这是炫蓝蘑菇,咱们这里是见不到的,新西兰和印度才有。"

·植物小百科·

炫蓝蘑菇，学名为"霍氏粉褶菌"，是粉褶菌科粉褶菌属的一种菌类植物，在新西兰和印度才可以见到。炫蓝蘑菇的颜色鲜艳，但是并不能发光。

·提问小课堂·

兰兰 爷爷，在哪里可以见到炫蓝蘑菇呢？

爷爷 在新西兰的50元钞票和纪念邮票上就有它的图案！

兰兰 爷爷，您具体介绍一下吧，我想要了解更多。

爷爷 炫蓝蘑菇最早发现于新西兰，而新西兰是一个喜欢宣传本土生物多样性的国家，所以，为了纪念炫蓝蘑菇的发现，就在50新西兰元纸币背面的角落处印上了炫蓝蘑菇的图案。而这50新西兰元的纸币是由新西兰储备银行发行于1990年，现在已经很少见了。在2015年，新西兰又对这种50新西兰元的纸币进行了重新设计，把背面角落处的炫蓝蘑菇挪到了中间，还着重凸显了它的蓝色。除了钱币之外，新西兰还在2002年发行了印有炫蓝蘑菇的纪念邮票。

10 紫灵芝

——关于灵芝的神话传说你知道几个？

　　暑假，兰兰和爷爷一起回老家。中午吃完饭，爷爷带兰兰到山上玩。山里有很多树和枯萎的小草。走着走着，爷爷突然发现了一棵紫灵芝，让兰兰赶快过来看。灵芝的颜色很深，接近黑色，菌盖上面共有九个圈，像晕开的涟漪，十分有趣。

·植物小百科·

紫灵芝是灵芝科灵芝属的真菌。紫灵芝表面是紫褐色的，接近黑色。它的菌盖有的是半圆形，也有的近似于圆形。它生长于树林的腐木上，一般生于腐烂的枫树蔸根部，比较珍贵。

紫灵芝有很高的药用价值，它有调节肠胃，抗肿瘤，保肝解毒，治疗糖尿病、高血压、冠心病，抗衰弱失眠，抗衰老，抗过敏等功效。大多数人都可以用灵芝来调养身体，但我们不可以吃野生的灵芝，因为野生灵芝种类繁多，我们无法识别其药用价值，也不知道其是否有毒，所以要吃人工培育的灵芝。

·提问小课堂·

爷爷 兰兰，关于灵芝的神话传说你知道几个？

兰兰 我知道白素贞盗灵芝救许仙的故事。

爷爷 那你给爷爷讲讲吧！

兰兰 白素贞在端午节那天喝了雄黄酒，现出原形，把许仙吓死了。白素贞为了救许仙，潜入昆仑山，盗取了灵芝，没想到却被鹤鹿二仙阻止，双方便打斗了起来。就在危难之时，白素贞与许仙的故事感动了南极仙翁，南极仙翁出手相救并赠予灵芝，救活了许仙。

爷爷 兰兰，你这个故事讲得不错啊！爷爷再给你讲一个秦始皇蓬莱寻灵芝的故事吧。

传说，秦始皇为了长生不老，派自己的将领徐福到东海瀛洲采摘灵芝。徐福来到东海蓬莱仙山后，神仙说他没有诚意，想得到灵芝必须要带礼物。秦始皇听说后，选拔了三千童男童女和一批能工巧匠作为礼物，又派徐福前往仙山。但是这次徐福在海上兜兜转转了好一阵也没能找到仙山，只能返回，向秦始皇禀告说，这次是因为海上有海妖作祟，阻止他找到仙山。想要去仙山，还需要有弓箭手和先进的武器。徐福说完之后，当天晚上秦始皇就梦见他和海上的神仙搏斗。占梦人告诉秦始皇，海神是蛟龙大鱼的象征，秦始皇觉得这印证了徐福的说法，便拨给他弓箭手和先进的武器，和他一起前往仙山。等到了仙山附近，果然遇到一条大鱼，秦始皇亲自射杀了它。这下没有了海上妖怪的阻碍，秦始皇认为可以上仙山求得灵芝了，可是仙山依旧不见踪迹。自此以后，徐福再也不敢去见秦始皇。

11 茯苓

——文人赞美茯苓的诗词有哪些？

兰兰陪爷爷去药房抓中药，看到中药柜上写着各种药材的名字。突然，"茯苓"两个字吸引了

兰兰的目光,她指着这两个字问爷爷:"这两个字怎么读?"爷爷回答:"fú líng。"

·植物小百科·

茯苓是多孔菌科茯苓属的真菌,又名玉灵、茯灵、万灵桂等。茯苓的形状很像甘薯,有球形、椭圆形、扁圆形或者不规则的块状,形态大小不一。茯苓的外皮很薄,但是很粗糙,一般为棕褐色或者黑褐色,它的内部是白色的。茯苓具有很好的药用价值,有除湿、健脾胃的功效。

在我国,茯苓主要分布于安徽、湖北等地。

·提问小课堂·

爷爷 茯苓与古代名人有颇多缘分,广为流传的文人赞美茯苓的诗词也有很多。

兰兰 都有哪些诗词呢?您快讲讲吧!

🧓 **爷爷**

鹧鸪天·汤泛冰瓷一坐春

[宋]黄庭坚

汤泛冰瓷一坐春。长松林下得灵根。吉祥老子亲拈出，个个教成百岁人。

灯焰焰，酒醺醺。蘂源曾未醒醒魂。与君更把长生碗，聊为清歌驻白云。

病中宜茯苓寄李谏议

[唐]吴融

千年茯菟带龙鳞，太华峰头得最珍。

金鼎晓煎云漾粉，玉瓯寒贮露含津。

南宫已借征诗客，内署今还托谏臣。

飞檄愈风知妙手，也须分药救漳滨。

12 白灵菇

——阿魏菇的故事你听过吗?

今天,爷爷打算给兰兰做一道他的拿手好菜,也是兰兰最爱吃的一道菜:清炒白灵菇。爷爷先把油倒进锅里,然后把准备好的葱、姜、蒜末放入锅里翻炒,等到香味出来又倒入青椒和白灵菇,加入调料后继续进行翻炒,最后加上少许盐和鸡精,菜就做好了。菜端上桌,兰兰忍不住夹了一

大块白灵菇放进嘴里，一边嚼一边说："爷爷，您给我介绍介绍白灵菇吧！"

·植物小百科·

白灵菇是侧耳科侧耳属的一种菌类植物，又名阿魏菇。它的形状近似灵芝，且全身为纯白色，所以称它为白灵菇。白灵菇是一种野生的食用菌，它口感好、味道鲜美，具有很高的食用价值和药用价值。白灵菇的氨基酸含量特别高，能够促进智力发育，抑制癌症。

·提问小课堂·

兰兰 爷爷，白灵菇以前叫阿魏菇吗？

爷爷 没错。阿魏是新疆独有的一种药材。白灵菇在阿魏的植株上最常见，所以白灵菇最初被称为"阿魏菇"。白灵菇洁白无瑕，又为它赢得了"白灵芝"的称号。

兰兰 那有没有关于阿魏菇的故事呢？

爷爷 最早，阿魏菇生长在戈壁滩上。夏季，那里天气炎热，人迹罕至，而阿魏菇为这块荒地增添了一丝活力。有一天，成吉思汗率军经过这里，无意中发现了这种充满灵气的植物。从此，阿魏菇便进入了人们的视野，很多人为了一睹它的芳容不惜独涉险境，但真正能寻到阿魏菇的人少之又少。

地

衣

13 松萝

—— 松萝茶是由松萝制成的吗？

五一期间，爷爷的一位朋友来家里做客，还给爷爷带来一盒松萝茶。兰兰学着爷爷喝茶的样子品尝了几口，一开始有点儿苦涩的味道，再喝几口就感觉甘甜醇和。兰兰便问爷爷："爷爷，有一次我和爸爸妈妈去爬山，在山中我看见了松萝这种植物，它们一条条地悬垂在山里的老树枝干上，随风飘荡，很好看。您现在喝的松萝茶应

该就是由松萝制成的吧？"爷爷摇摇头说："不是的！听我来给你讲讲松萝是什么吧！"

植物小百科

松萝是松萝科松萝属的植物，人们也叫它女萝、松落、云雾草等。它的颜色为淡绿色或淡黄绿色。松萝一般生长在深山的老树枝干或高山岩石上，它们一条条的，像帘子一样悬垂着，具有一定的观赏性。

提问小课堂

兰兰 爷爷，松萝和松萝茶的名字这么像，它们之间真的没有什么关系吗？

爷爷 听爷爷来给你讲个小故事你就明白啦！传说，明太祖洪武年间，安徽休宁的松萝山上有一座让福寺，寺庙门口有两口平平无奇的大水缸，因为水缸被放置了很久，缸里长满了绿萍，这引起了一位香客的注意。香客想要用三百两黄金买下这两口水缸，老方丈同意了，香客约定三日后来取。香客走后，老方丈害怕水缸被偷，就派人把水缸清洗干净，搬到寺庙内。

三日之后，香客按照约定来取水缸，却发现水缸被清洗得干干净净，便生气地对方丈说："水缸被你们清洗了，里面的宝气也消失了，我不要了。"香客刚走出寺庙，又说宝气还在寺庙门口，就是那两缸被倒出的绿水所在的地方，如果在那里种上茶树，肯定能长出好茶叶来。老方丈按照香客所说，在寺庙门口种上茶树，果然长出了清香扑鼻的茶叶。老方丈便把这茶取名为"松萝茶"。

这个小故事讲述了松萝茶的来历，松萝茶是一种茶树上长出的茶叶，属于绿茶类，它之所以叫"松萝茶"，只是因为它产于安徽休宁境内的松萝山上罢了。而松萝是地衣门松萝科的一种植物，两者之间并没有什么本质联系。

14 石蕊

——石蕊试剂遇到什么会变色?

放学回家，兰兰告诉爷爷:"今天实验课上老师讲了一种酸碱指示剂——石蕊，还说石蕊是一种地衣植物，但并没有过多介绍，所以我回家就来找您了，麻烦您再给我讲一讲石蕊这种

植物吧。"爷爷欣慰地笑着说："真是爱学习的好孩子！"

·植物小百科·

石蕊是石蕊科石蕊属的植物，它或土生或大片丛生在高山荒漠、苔原及岩石表土上。石蕊不仅有凉血止血、祛风镇痛的药用价值，而且作为化学试剂，也有重要作用。在很多化学实验中，都需要用石蕊试剂来判断实验物质的酸碱性。

·提问小课堂·

兰兰 爷爷，今天老师还说石蕊试剂遇到某种物质会变色，下次实验课会给我们讲解，您能提前给我讲讲吗？

爷爷 英国化学家波义耳从紫罗兰花的花瓣遇酸变红的现象得到启示，用各种植物做实验，最后发现由一种叫作石蕊的地衣制成的试剂遇酸会变红，遇碱会变蓝，遇中性不变色，非常灵敏。

兰兰 那使石蕊试剂变红的物质有什么呢？

爷爷 能够让紫色石蕊溶液变红的酸有盐酸、硫酸、碳酸、硝酸以及草酸等。

兰兰 那使石蕊试剂变蓝的物质有什么呢？

爷爷 最常见的就是氨水。氨气溶于水就是氨水，它是碱性的。

15 石耳

——你知道李时珍采摘石耳的故事吗？

兰兰一家去饭店吃饭，菜单上的一个菜名——石耳炖鸡吸引了兰兰的目光。兰兰还是第一次听说石耳，便转过头问爷爷："石耳炖鸡里的石耳是什么呢？"爷爷回答："石耳是

地衣植物的一种，多吃石耳可是很有好处的！"

·植物小百科·

石耳是瓶口衣科石耳种的植物，它的形状很像耳朵，又因为生长在悬崖峭壁中的阴湿石缝中，所以得名石耳，也可以叫它石木耳、石壁花。

石耳中含有高蛋白和多种微量元素，是营养价值很高的滋补品。另外，石耳还具有很高的药用价值，它在古代是一种十分稀缺的名贵中药材，有清热去火、散血活血、养阴清肺等功效。

·提问小课堂·

爷爷 今天爷爷给你讲一个关于石耳的传说故事，想不想听？

兰兰 想听，您快讲吧。

爷爷 相传，有一年李时珍的母亲得了重病，一直没有痊愈。李时珍听说庐山生长着一种珍贵药材——石耳，可以治母亲的病，他便想去寻找。他的弟弟知道以后，让李时珍在家照顾母亲，自己前往。弟弟去了一个多月，杳无音信，于是李时珍急忙赶往庐山。机缘巧合之下，他碰到了采药的老大爷，得知了石耳在何处，也知道弟弟发生了危险。李时珍准备去采石耳时，老大爷给了他一把小刀和一个木瓜，并嘱咐李时珍："你可千万不能贪睡，瞌睡了就用小刀划伤手臂，再将木瓜汁挤进伤口，便能清醒。"李时珍再三拜谢老大爷后，急忙出发了。

李时珍费尽千辛万苦攀上了半山悬崖。此时，天渐渐暗下来了。他赶了几日路，爬了一天山，实在疲劳不堪，想打瞌睡。这时，李时珍想起了老大爷的叮嘱，赶紧用小刀在胳膊上一划，又把木瓜汁挤进伤口，很痛，但是完全不瞌睡了。

李时珍睁大眼睛，在悬崖石缝里寻找石耳。忽然，他看见一只只石耳从崖石缝里慢慢长了出来，每只都闪着银光。那些石耳被晚风一吹，越长越大。突然，"噗"的一声喷出汁水，把李时珍吓了一跳，他赶紧往旁边躲闪。过了一会儿，李时珍见石耳不喷汁水了，才小心翼翼地把石耳采下。

李时珍采到了石耳，又四处寻找弟弟。果然，他在一个地方看见一对石头耳朵。他对着石耳祈祷，救救他的弟弟。顿时，一束金光照到了那对石头耳朵上。又过了一会儿，只见那对石头耳朵动了，有人在地上翻了个身。李时珍一看，果然是弟弟，他赶紧把弟弟扶起来，喊道："弟弟，快醒醒!"弟弟一见哥哥在身旁，"哇"的一声哭了起来。

就这样，李时珍和弟弟平安回到老家，用采来的石耳煎汤、配药，服侍母亲喝下。果然药到病除，母亲的病不久就痊愈了。

苔蘚植物

16 葫芦藓

——为什么葫芦藓的根被称为"假根"？

周末，兰兰又陪爷爷来到了花鸟鱼虫市场，这次吸引兰兰目光的是一种在玻璃花盆里生长的植物。兰兰在摊位前观赏了许久，眼看爷爷就要走远了，她赶紧把爷爷叫了回来："爷爷，这是什么植物啊？"爷爷回答兰兰："这是葫芦藓。"

·植物小百科·

葫芦藓是葫芦藓科葫芦藓属的一种植物，是一种常见的苔藓植物，它通常生长在不见阳光并且潮湿的地方。另外，葫芦藓没有根，茎的基部只有假根，它的整体高度只有1—2厘米，呈淡绿色。葫芦藓有一定的药用价值，能够治疗跌打损伤、湿气重、肺部出血等。

·提问小课堂·

兰兰 爷爷，为什么葫芦藓的根被称为"假根"？

爷爷 葫芦藓属于苔藓植物，有茎、叶的分化，但是体内没有输导组织，不能为植株运输水和无机盐。地下部分的根状物只起到固定作用，几乎不能吸收水分和无机盐，因此被称为"假根"。

兰兰 您能再具体讲一下什么是假根吗？

爷爷 假根就是由单一的细胞发育而成的根，形状像丝，没有维管束，作用与根相同。

兰兰 那除了葫芦藓，还有哪些植物有假根呢？

爷爷 比如，地钱长有假根，没有真正的根。不同的是，地钱的假根非常多，密密麻麻地长在底部。因此，它能够牢牢地固定在附着的物体上。不仅如此，它的根还能够吸收水分和养分，吸收能力要超过很多其他长有假根的植物。

还有咱们最常见的海带。海带没有茎，也没有枝，看上去就像长长的带子，随着海水摆动。海带能紧紧地固着在海底岩石上，依靠的就是它底部的假根。

17 万年藓

——描述苔藓的诗词有哪些？

暑假，兰兰和家人一起去辽宁沈阳国家森林公园游玩。森林公园里的植物多种多样，有红松、白桦、侧柏、五角枫等，还有很多兰兰从来没有见过的植物，兰兰兴奋极了！

　　往森林公园深处走去，兰兰发现一棵树下长着巨大的苔藓，和其他苔藓不同的是，这株苔藓植株很大，兰兰便转头问爷爷："爷爷，这是什么苔藓？怎么比其他苔藓都大？"爷爷回答兰兰："这是万年藓，它是苔藓之王。"

·植物小百科·

　　万年藓是万年藓科万年藓属的一种植物，它的体形比一般的苔藓植物都要大，像树一样，还有分枝，高度约有15—20厘米，颜色为有光泽的青绿色或黄绿色。万年藓喜欢高温高湿的环境，在温暖的环境下生长良好，经常能在潮湿的针阔林下或沼泽地附近见到它。

万年藓入药具有清热除湿、舒筋活络的功效，对于风湿病、筋骨疼痛的治疗大有益处。

提问小课堂

爷爷 兰兰，历史上的文人墨客描述苔藓的诗词有哪些，你知道吗？

兰兰 我知道刘禹锡的《陋室铭》：苔痕上阶绿，草色入帘青。

爷爷 那我再说几个，你记好了。欧阳修的《清平乐·小庭春老》："门掩日斜人静，落花愁点青苔。"叶绍翁的《游园不值》："应怜屐齿印苍苔，小扣柴扉久不开。"还有白居易的《秋思》："鸟栖红叶树，月照青苔地。"

蕨类植物

18 荷叶铁线蕨

——荷叶铁线蕨为什么会濒危？

兰兰最近迷上了荷叶，便在网上搜索荷叶的相关信息。搜着搜着，网页上跳转出一张荷叶铁线蕨的图片，兰兰大声呼喊爷爷："爷爷，什么是荷叶铁线蕨呀？"

·植物小百科·

荷叶铁线蕨是铁线蕨科铁线蕨属的一种植物，为中国特有品种，又名荷叶金钱草，1996年，已经被列为国家一级保护野生植物。荷叶铁线蕨植株小巧，优美别致，可人工栽培，是观赏价值很高的盆栽植物。

荷叶铁线蕨喜欢温暖湿润的环境，既不耐旱也不耐寒，喜欢酸性土壤，成片生长在海拔350米覆有薄土的岩石表面、石缝或草丛中。

荷叶铁线蕨的药用价值也很高，有清热解毒、利尿的功效，还能治疗黄疸型肝炎、泌尿系统感染、中耳炎等病症。

提问小课堂

兰兰 爷爷，在哪里可以看到荷叶铁线蕨呢?

爷爷 荷叶铁线蕨是三峡库区特产植物，已经被国家列为濒危植物了。

兰兰 荷叶铁线蕨为什么会濒危啊?

爷爷 荷叶铁线蕨的分布区域不够广泛，能够让它生存下去的环境稀少，与其他品种相竞争处于劣势，容易被更新换代。更重要的一点是，人类对其生存环境的肆意破坏和对其植株的私挖乱采，使荷叶铁线蕨濒临灭绝。

19 井边草

——井边草有什么作用与功效？

兰兰陪爷爷到南方乡下探望朋友，在去爷爷朋友家的路上，兰兰发现一口水井，水井边长着

一种像凤凰尾巴的植物。兰兰叫住走在前面的爷爷："爷爷，这是什么植物啊？"爷爷观察了一会儿说："这是井边草，别看它不怎么起眼，它可是有很高的药用价值呢！"

·植物小百科·

井边草是凤尾蕨科凤尾蕨属的植物，是粗糙凤尾蕨的根茎或全草。它的根茎很短，叶片上有褶皱，边缘有细小的锯齿，颜色是嫩绿色。井边

草喜欢生长在湿润的环境中，需要有泥土的滋养，井边很适合它生长，它也因此而得名。

·提问小课堂·

兰兰 爷爷，井边草有什么作用与功效呢？

爷爷 井边草作为一种中药，具有很高的药用价值，它的作用与功效具体来说有四点：

其一，井边草有消除肠道炎症和收敛肠道的作用，可以快速治疗腹泻、痢疾、肠炎等多种病症。

其二，井边草能够清肝利胆，消除体内炎症，提高肝脏的解毒能力，帮助人体排毒。

其三，井边草有消肿止痛、活血化瘀、舒筋通络的功效，能够很好地治疗跌打损伤、骨折、骨裂等。

其四，井边草能够治疗小便不利、身体浮肿，提高肾功能，同时也可以治疗尿路感染，能很快消除泌尿炎症。

20 蕨菜

——蕨菜的主要品种有哪些？

周末，阳光明媚。兰兰正津津有味地看着动画片，爷爷却叫她一起去挖蕨菜，说这是与大自然亲密接触的好机会。兰兰起初并不想去，心里还想着看动画片。爷爷满面笑容地说："蕨菜很好吃，吃了可以清肠排毒，补脾益气，增强体质，还可以美容。"兰兰一听，蕨菜居然有那么多好处，一下子来了兴致，立马换上衣服和爷爷出门了。

·植物小百科·

蕨菜是蕨科蕨属的植物，它的植株高可达1米。蕨菜的根部很长，并有黑褐色的绒毛，它的叶子向内卷曲，呈羽状分枝之态。蕨菜的种类很多，分布于我国各地，但主要产于长江流域及以北地区。蕨菜对环境的适应能力很强，耐高温也耐低温，喜欢湿润凉爽的环境，我们有可能在森林边缘阳光充足的地方见到它。

蕨菜既可食用又可药用，它的嫩叶可以食用，我们也可以从它的茎中提取淀粉食用。蕨菜全株都可以入药，能祛风湿、利尿、解热，还可以作为驱虫剂。

提问小课堂

兰兰 爷爷，我感觉蕨菜是非常受大众欢迎的一种野菜，您刚才说它种类很多，那蕨菜的主要品种都有哪些呢?

爷爷 爷爷今天给你介绍三种吧！黑龙江蕨菜。黑龙江蕨菜生长在海拔200—800米的高山地带，和一些杂草生长在一起，在每年的5月下旬至6月上旬可以进行采摘。

辽宁蕨菜。辽宁蕨菜外观鲜艳，有很高的观赏价值和食用价值。辽宁蕨菜不仅在我国比较受欢迎，在日本等国家也很受欢迎。

内蒙古蕨菜。内蒙古蕨菜耐干旱，主要产于赤峰市、兴安盟等地，年产量约200吨，在每年的6月份进行采摘。

21 笔筒树

——被称为"活化石"的树种还有哪些？

今天，兰兰上课时，老师给他们介绍了一种植物，回家后她告诉爷爷："爷爷，我今天认识了一种珍贵树木——秃杉，您还知道哪些珍贵树木吗？"爷爷不假思索地答出："笔筒树，你知道吗？"兰兰摇摇头表示不知道。

·植物小百科··

笔筒树是桫椤科白桫椤属的蕨类植物，因为它的树干像长有鳞片一样，所以又叫多鳞白桫椤、鳞片桫椤。它姿态美丽，高大挺拔，树冠像一把大伞，有很高的观赏性，是蕨类植物中稀有的种类。笔筒树存在的历史很久远，被称为"活化石"。

笔筒树喜欢生长在开阔有阳光的地方，常见于山沟的潮湿坡地和小溪边，或散生在林缘灌丛之中。

·提问小课堂··

兰兰 爷爷，您刚才说笔筒树被称为"活化石"，那还有哪些树木也有这样的称呼呢？

爷爷 首先是咱们经常见到的一种树——银杏树。银杏树又名白果树，是少有的裸子植物，与它同纲的其他所有裸子植物都已灭绝，所以银杏树被称为"孑遗植物"，是植物界的活化石。

其次是水杉，水杉是杉科水杉属植物中唯一的现存种，早在中生代白垩纪就已经出现，它是中国特产的珍贵孑遗树种，也是中国国家一级保护植物的稀有种类。

最后，再给你介绍一种——银杉。银杉是松科银杉属植物，是中国特产的稀有树种，是国家一级保护植物，被植物学家称为"植物熊猫"，它也是植物界的活化石。

22 桫椤

——哪种植物被称为"蕨类植物之王"？

爷爷带兰兰去植物园参观，在植物标本馆，兰兰看到一种她不认识的植物，那种植物的名字她也不知道怎么读，便拉住爷爷问："爷爷，您看这个标本，上面写着它的名字，怎么读？"爷爷看了一眼说："suō luó，这是一种古老的蕨类植物。"

·植物小百科·

桫椤，又叫蛇木，是桫椤科桫椤属的蕨类植物。桫椤树形美观别致，可供参观欣赏。一般植物的生长期都在夏季，而桫椤却不同，它在春季和秋季生长，在夏季和冬季休眠。

桫椤科的植物是目前已知的唯一木本蕨类，其中有许多种类曾与恐龙生活在同一片天空下。受第四纪冰川期的影响，桫椤科的植物种群遭到破坏，分布范围缩小。现在桫椤科的植物以马来西亚为分布中心，在中国有十多种，几乎都是国家二级保护植物。

·提问小课堂·

爷爷 兰兰，爷爷考考你，你知道哪种植物被称为"蕨类植物之王"吗？

兰兰 肯定是您刚刚讲过的桫椤啦！

爷爷 答对了！桫椤之所以被称为"蕨类植物之王"，因为它是世界上现存唯一的木本蕨类植物，极其珍贵，堪称国宝，被众多国家列为一级保护珍稀濒危植物，有"活化石"之称。

23 鹿角蕨

——我国第一次发现鹿角蕨在哪儿?

放暑假了,兰兰想去西双版纳游玩,于是在网上搜索资料做起了攻略。当查到西双版纳有什么特别的植物时,鹿角蕨出现在页面上。兰兰接着搜索了鹿角蕨的图片,打算等爷爷回来再请教一下。

植物小百科

鹿角蕨是鹿角蕨科鹿角蕨属的植物，它是一种附生植物，也就是说它不在地面上生长，而是附生在树木的树枝和树干上。鹿角蕨的叶子有圆形、椭圆形、扇形等多种形状，长得有点儿像梅花鹿的角，非常好看，它的名字"鹿角蕨"也由此而来。

鹿角蕨不喜强光照射，喜欢在温暖湿润的环境中生活，在我国云南常见，已被列入我国国家二级保护植物。鹿角蕨姿态奇特，观赏性强，常被用作各大公园、商场、居室的装饰，是室内立体绿化的好材料。

提问小课堂

兰兰 爷爷，我国第一次发现鹿角蕨是在哪儿呢？

爷爷 我国第一次发现野生的鹿角蕨是在云南省大英江的原始森林里面。由于鹿角蕨常附生在印棟、樱树和榕树的树干和树枝上，当地人常称它为"树衣"。

24 满江红

——满江红有什么作用？

周末，兰兰在家背诵岳飞的《满江红·怒发冲冠》。爷爷听见兰兰背诵得非常流畅，忍不住夸奖道："背得真不错，既然背得这么好，爷爷就给你讲讲这首词的词牌名——满江红。"兰兰问："满

江红？"爷爷："满江红不仅是词牌名，还是一种植物的名字！"

·植物小百科·

满江红是满江红科满江红属的小型漂浮植物，别名红浮萍。它的叶子很小，像芝麻一样，这种植物一般生长在水田或者靠近水池沼中，常在水面上生成一片，漂浮在水面上。满江红生长期短，繁殖能力很强，可以为食草性的鱼类提供大量的优质养料。

满江红对温度条件要求很高，温度过高或过低都不利于它生长。满江红植物体鲜嫩多汁，富含有机养料，能够作为家禽、家畜的饲料。它全草可以入药，能发汗、利尿、祛风湿。

·提问小课堂·

爷爷 兰兰，你知道满江红有什么作用吗？

兰兰 不知道啊，您跟我说说吧。

爷爷 满江红有固氮作用。满江红在生长过程中会"拉拢"一种叫蓝藻的藻类，它们会寄生在满江红的叶子里，这种蓝藻很神奇，它可以将空气中的氮气转化为氨气。这些氨气不仅可以提供给满江红，而且在满江红枯萎后，氨气会以氨肥的形式储存在满江红的"尸体"里，继续为其他微生物提供养分。

25 卷柏

——卷柏有什么传说故事？

爷爷送给兰兰一株绿草，并告诉兰兰："这株绿草叫卷柏，别名'九死还魂草'。"兰兰激动地说："哇，原来它就是卷柏，在这之前我就有所耳闻，今天终于见到'庐山真面目'啦！"

·植物小百科·

卷柏是卷柏科卷柏属的植物，又名"九死还魂草"，听起来是一个很有武侠气息的名字。卷柏的生命力像它的名字一样，非常顽强，当它遇到极端环境时，它的根会自动从土壤中抽离出来，蜷缩成一个小球，等待时机，再次遇水时根就会舒展开来，重新扎根到土壤里，是不是很神奇呢？

卷柏不仅有观赏价值，还有药用价值，有活血化瘀、通经利脉等功效，还可以治疗胃疼、手脚麻木、咳嗽等症状。另外，卷柏还能美容养颜，长期敷用可以祛痘美白。

·提问小课堂·

兰兰 爷爷，卷柏有什么传说故事吗？

爷爷 有啊！传说在昆仑山上，王母娘娘常在一个冒着金光的天池里洗澡。这个天池边长着一种神奇的仙草，这种仙草能使人起死回生。有一年，民间一直闹旱灾，瘟疫流行，有很多百姓因此死亡。住在天池中的龙女看到人间受此劫难，心里难免同情，就趁着王母娘娘和天兵天将不注意，去天池边盗取仙草，偷偷来到人间为受灾的百姓治病。善良的龙女为民间带来了天庭的仙草，有了这种仙草，百姓们都起死回生了。后来，龙王知道了这件事，大发雷霆，一怒之下把龙女贬下凡间。龙女来到人间后，便心甘情愿变成了能使人起死回生的仙草——九死还魂草，继续拯救苍生。

裸子植物

26 侧柏

——侧柏竟然是一种有毒的植物？

一天傍晚，兰兰陪爷爷去公园散步，爷爷看到一排侧柏，忍不住想要考考兰兰："兰兰，你知道北京市的市树是什么吗？"兰兰不假思索地回答："是侧柏，这可难不倒我，我们老师可是讲过的！"

·植物小百科·

侧柏是柏科侧柏属的常绿乔木，已被选为北京市的市树。侧柏是中国特有的树种，除青海、新疆外，全国均有分布。侧柏的生长速度很慢，但是寿命很长，如果养护得当，生长环境适宜的话，可以存活百年甚至上千年。

侧柏非常喜欢阳光，可以抗旱，但不耐涝，是生活中常见的庭园绿化树种。同时，侧柏的木质非常细致，而且有一股香气，是制作家具和建筑的上等木材。此外，侧柏的枝叶有药用价值，有利尿健胃、收敛止血的功效。

·提问小课堂··

爷爷 兰兰，其实侧柏是一种有毒的植物。

兰兰 真的吗？

爷爷 侧柏的枝、叶有毒，毒性不大，使用过量可使人畜中毒，引起腹痛、恶心、呕吐等症状，但是从侧柏的叶子中提取的一种中枢镇静物可用于医学研究。

27 松树
——松树的叶子为什么像针一样细？

兰兰放学回家后直奔爷爷的书房，因为语文老师布置了一项任务，以"松树"为题写一篇作

文，兰兰没有头绪，只好求助于爷爷。"爷爷，您快给我讲一下松树吧！"爷爷笑眯眯地摸着兰兰的头说："好，你坐下，听我给你讲。"

·植物小百科·

松树是松科松属植物，叶子是典型的针形，短小而坚韧。松树的特点是耐阴抗旱、四季常青、高大笔直，在恶劣的环境下它依然会笔直地站立着，以正直、坚强、朴素为美，被人们看作正直、朴素的象征。

世界上有八十余种松树，分别生长在不同的地方。油松的树枝是黄褐色的，常见于我国东北、华北平原；白皮松的树皮呈灰白色或灰绿色，常见于我国的东部和南部；马尾松树皮呈红褐色，针叶柔软，在我国分布最广。

·提问小课堂·

兰兰 爷爷，为什么松树的叶子像针一样细呀？

爷爷 松树一般都生长在寒冷干燥的地区，它那像针一样的叶子便可以很好地适应这种艰苦的环境。当冬季来临时，一些阔叶树木的叶子会凋落，而松树等的叶子仍然保持翠绿。这是因为松树有像针一样的叶子，这种叶子比那些宽阔的叶子小很多，可以减少水分的蒸发，耐寒耐旱还抗风。而且，松树并不像一些树木那样在秋冬季节落叶，来年春天再长出来，松树的叶子一般三到五年才会脱落一次，寿命比一些树木叶子的长很多。

28 银杏
——银杏的果实为什么那么臭？

秋天到了，银杏树上结满了密密麻麻的果子。爷爷告诉兰兰："银杏树的果子叫白果，用它炖汤，是一种补品呢！"兰兰一听是大补，就跑去捡拾地上的白果，可她刚靠近银杏树就闻到一股臭味，兰兰顿时就没有了捡果子的心情。

· 植物小百科 ·

银杏是银杏科银杏属落叶乔木，是地球上最古老的树种之一。银杏还被称为"公孙树"，因为有这样一种说法：一个人种下银杏后，到了他的孙子辈那代才能结出果实。

银杏的叶子呈扇形，比较长的枝干上面的叶子生长得比较散，而短树枝上的叶子则成团成簇地生长。银杏自身还能够抵御病虫害，所以又被称为无公害树木。

提问小课堂

兰兰 爷爷，银杏的果实怎么那么臭呀？

爷爷 白果的味道并不是什么"臭味"，那是一种挥发性脂肪酸的作用。银杏果子可分为三层：最外层的黄色肉质为一层，中间白色硬壳为一层，最里边很薄的赤色皮与所包裹的白色果仁为一层。其中最外层黄色肉质那一层便是臭味的主要来源。由于外皮含有多种易挥发性物质，例如丁酸、乙酸氢化白果酸、银杏黄酮等，这些物质直接与空气中的多种气体接触，就会发生化学反应，便产生了咱们闻到的臭味。

兰兰 那白果的臭味要怎么处理呢？

爷爷 我们可以把白果浸泡在清水中一个星期左右，

浸泡之后再把白果的皮剥开，不要去核。切记白果的外皮有毒，不要直接触碰皮肤，我们可以戴上手套操作。然后我们把剥好的白果放在阴凉通风处晾干，不要暴晒，这样白果的臭味就会消失。

29 红杉
—— 红杉的名字源于哪里？

吃过晚饭，兰兰拿起一本关于植物的杂志津津有味地读了起来，她被一篇介绍世界上最大的树的文章深深吸引了。这篇文章中说世界上最大的树是美国的一棵红杉，它的名字为"谢尔曼将军"，大约需要20个人才能将它合抱。兰兰对红杉产生了兴趣，便去找爷爷给她讲解关于红杉的知识。

·植物小百科·

　　红杉是松科落叶松属的乔木，是世界上最高大的树种之一。红杉是巨杉的"近亲"，体形高大，叶子细长，呈羽状交错，青翠常绿，是一种贵重的建筑用材。

　　红杉的树皮非常厚，呈红色，这使它常年保持旺盛的活力和生命力。红杉是长寿树种，能活800年左右。在北美洲有一棵红杉，已经活了2000多年。

·提问小课堂·

🔘 **爷爷** 兰兰，红杉树是印第安人的代表，你知道为什么这么说吗？

🔘 **兰兰** 不知道，您给我讲讲吧。

🔘 **爷爷** 红杉的命名是为了纪念一位创立了基洛奇族文字的北美印第安首领。1794年，一位名叫塞斯的苏格兰人采集了红杉的果实、枝叶作为标本。1823年，英国植物学家兰伯特认为红杉是落羽杉属的一个新种，为它取名为常绿落羽杉。直到1847年，奥地利植物学家安德尼奇经过深入研究，发现兰伯特的鉴定是错误的。后来他用"红杉"这个名字来命名，这个名字来自北美的一个印第安首领，他的家族创立了基洛奇族文字。红杉以其长寿象征着一个文明顽强的生命力，作为永远的纪念。

30 苏铁
——铁树多久开一次花？

爷爷带兰兰去南方旅游，兰兰在路上被一株外形独特的植物吸引了。爷爷介绍道："这是苏铁，针叶树，还是名贵的中药材。"

·植物小百科·

苏铁，是苏铁科苏铁属植物，俗称"铁树"，又名凤尾蕉。苏铁是一种古老的植物，在三叠纪时期就已经存在。苏铁喜欢强烈的阳光，不耐旱，一般生长在暖热湿润的环境，生长缓慢，能生存200年左右。

·提问小课堂·

爷爷 兰兰，你知道关于苏铁的一个有名的说法是什么吗？

兰兰 不知道，是什么呀？

爷爷 千年铁树开花。

兰兰 苏铁真的千年才开一次花吗？

爷爷 苏铁生长缓慢，在南方生长环境好的地方，苏铁可以一年开一次花，但是有的苏铁可能几十年才开一次花。苏铁雄花开在叶片内侧，雌花开在茎的顶端，而雄雌花期又不一致，所以在北方那种不利于苏铁生长的环境下想要看到它开花就更难了。

被子植物

31 猴面包树

——猴面包树的树干为什么那么粗？

兰兰最近在读《小王子》这本书，她被这本书的故事情节深深地吸引了。这是一个诗一般的童话故事，书中的文字就像音乐一样优美，让兰兰觉得既有趣，又新奇。这本书里还讲到了一种庞大的树——猴面包树。书中提到这棵树像宫殿一样大，是一种坏树，它的种子是坏的，只要一发芽，就要立即拔除，否则，它的根会穿破星球，把整个星球毁掉。兰兰对这种树十分好奇，就让爷爷给她讲解。

·植物小百科·

猴面包树是木棉科猴面包树属的大型落叶乔木，主要分布于非洲热带地区，生长在草原和森林中。

猴面包树又叫波巴布树、猢狲木或酸瓠树。它的树干巨大，就像一个粗壮的瓶子，所以有些地方的人称它为"瓶子树"。它的树权千奇百怪，酷似树根，树形壮观，果实是长椭圆形，像面包一样，甘甜多汁，是猴子、猩猩、大象等动物喜欢的食物。每当它的果实成熟时，猴子就成群结队而来，爬上树去摘果子吃，"猴面包树"的称呼就由此而来。

·提问小课堂·

兰兰 爷爷，猴面包树的树干为什么那么粗呢？

爷爷 你想啊，非洲的土地非常贫瘠，而且常年干旱少雨，猴面包树就是在这种环境下孕育出的特别的植物，一定是有些本领的。由于生长在干旱少雨的非洲大陆上，所以每当雨季到来，猴面包树就会像海绵一样在它庞大的树干里储藏大量的水分，以此来应付水分稀缺的旱季。而且，猴面包树树干里储藏的水不需要净化就可以直接喝，这也为因干渴而生命垂危的旅行者提供了救命之水，它也因此被称为"生命之树"。据说，一棵成年的猴面包树可以储存上千公斤的水分，相当于一个家庭半年的用水量。

32 紫薇

——"痒痒树"的名号从何而来？

兰兰和爷爷一起到植物园游玩，突然一棵树吸引了兰兰的目光，树上挂着写有"紫薇"字样的小牌子。淡粉色的紫薇花宛如娇羞少女

的红润脸庞，仔细一看，小花中还藏着淡黄色的花蕊。远远望去，淡粉色的紫薇花开满小树，好像一张布满水晶的花帘，真是美极了！

·植物小百科·

紫薇是千屈菜科紫薇属的小乔木或落叶灌木。它还有很多别名，比如痒痒花、痒痒树、紫金花、紫兰花、蚊子花等。其最早出现于亚洲，现在全球各地广泛栽培。

紫薇花姿优美，花色艳丽，花期长，6—9月持续开放，所以有"百日红"的美称，深受人们喜爱。据说紫薇的树干非常平滑，连猴子也无法攀爬上去。

·提问小课堂·

兰兰 爷爷，紫薇为什么又叫"痒痒树"呢？

爷爷 因为紫薇树与其他下粗上细的树木不一样，它的树根部分和树梢枝干差不多粗细，也就是说，紫薇树相较于其他树木，树梢部分要重一些，因此造成根基不稳，即使不碰它也很容易摇晃。当我们用手指挠它的枝干时，摩擦引起的震动很容易通过坚硬的枝干传导到顶端的枝叶和花朵，从而引起成片的枝叶和花朵晃动，看起来就像紫薇树"怕痒痒"似的。"痒痒树"的称号就由此而来。

33 嘉兰
——嘉兰是哪国的国花？

兰兰在一本书上看到一种花，它的造型很奇特，就像垂挂的宫灯，又像燃烧的火焰，艳丽而高雅。但是书上并没有详

细介绍这种植物，只是简单地标注了它的名字"嘉兰"，于是兰兰拿着书去找爷爷，请教他嘉兰是什么。

·植物小百科·

嘉兰是百合科嘉兰属的攀缘植物。嘉兰有6片花被，花蕊围绕花柱生长，花被永远垂直朝上展开。如果嘉兰攀附在其他植物上，就算花朵朝着地面生长，花瓣也会翻卷过来，非常奇特。嘉兰的花朵很大，花期很长，从夏天到秋天会不停地开花，每朵花能开10天左右。

嘉兰喜欢温暖、湿润的环境，不喜欢太过强烈的阳光，所以经常能在灌木丛或者低矮的山林下面发现它们。

·提问小课堂·

爷爷 兰兰，你知道嘉兰是哪国的国花吗？

兰兰 不知道，您给我讲讲吧。

爷爷 嘉兰是津巴布韦的国花。

兰兰 津巴布韦在哪里呀？我怎么从来没有听说过这个国家。

爷爷 津巴布韦也就是津巴布韦共和国，它是非洲东南部的一个内陆国。津巴布韦是非洲工业较发达的国家，主要发展制造业、农业、矿业，这三个行业是这个国家主要的经济来源。嘉兰的花瓣高雅而美丽，象征着容光焕发，给人一种神采奕奕、朝气蓬勃的感觉。作为津巴布韦的国花，它象征着津巴布韦的繁盛与魅力。

34 橡胶树
——橡胶树为什么"爱流泪"？

一天晚上，兰兰坐在沙发上看综艺节目。综艺节目里介绍了一种高大的树，人们用刀子割破它的树皮，就会看到树干上

的伤口处有像牛奶一样的白色汁水滴下，看上去就像树在流泪一样。兰兰好奇地问爷爷："爷爷，这是什么树呀？"爷爷回答道："这是橡胶树。"

·植物小百科·

橡胶树是大戟科橡胶树属乔木，含有丰富的乳汁。橡胶树最早出现于南美亚马孙流域，现广泛分布于亚热带地区。橡胶树树木高大，树高可达30米，经济寿命高达30—40年。

橡胶树的树干中含树胶，可制成天然橡胶，广泛应用于工业中。橡胶可以用来制作手套、气球、雨靴等物品，橡胶树的木材还可以制作成家具、胶合板等。

·提问小课堂·

兰兰 爷爷，橡胶树为什么"爱流泪"呢？

爷爷 橡胶树生活在热带，那里阳光、雨水都很充沛，所以橡胶树的叶子又大又绿，并且叶片中含有很多水分，这就导致橡胶树的树皮经常也是"水汪汪"的。平时我们在电视上看到的橡胶树滴在碗里的像牛奶一样白色的"泪水"，其实就是橡胶树的"树汁"。橡胶树的树皮里富含乳胶，这种乳胶经过凝固、干燥之后就可以制成天然橡胶，具有很高的经济价值。所以橡胶树"爱流泪"并不是脆弱的表现，它可是在为人类做贡献呢。

35 郁金香

——郁金香可以放在卧室里吗？

周末，爷爷带兰兰去植物园游玩。刚到植物园，一大片郁金香就映入眼帘，红的、白的、黄的、粉的，五颜六色，浓艳而美丽！兰兰抬眼望去，竞相开放的郁金香宛如花的海洋。"真是太美了！"兰兰忍不住赞叹道。

·植物小百科·

郁金香是百合科郁金香属的多年生草本植物，它像洋葱一样具有鳞茎。它的花瓣分单瓣和重瓣两种，花的形状有杯形、碗形、漏斗形等，花朵颜色丰富多彩。郁金香又称洋荷花、旱荷花等，原产于中国，是土耳其、荷兰、匈牙利等国的国花。

郁金香的正常生长离不开长时间的日照，它在凉爽干燥的环境下生长得最快。郁金香也耐寒，在冬季湿冷的环境中，可以在−14℃的低温中存活。即使有厚雪覆盖，郁金香的鳞茎依然可以露出地面，安稳地度过冬季。但是如果天气炎热，郁金香的鳞茎便会停止生长，最终死亡。

·提问小课堂·

👧 **兰兰** 爷爷，郁金香这么好看，我想把它摆放在卧室的床头柜上。

👴 **爷爷** 郁金香不可以放在卧室里！

👧 **兰兰** 为什么呢？

👴 **爷爷** 因为郁金香有毒，它会分泌一种毒碱，放在卧室里会导致人出现头晕或中毒现象，甚至还会使人脱发，所以郁金香不能放在卧室里。

👧 **兰兰** 那郁金香应该放在哪里养护呢？

👴 **爷爷** 我们养护郁金香时，要将其置于阳光充足和通风透气的地方，比如阳台。

36 蒲公英

—— 关于蒲公英有什么美丽的传说吗？

　　兰兰发现小区楼下有许多蒲公英，好像一团一团的小绒球，太可爱了！兰兰情不自禁地去摘了一朵，将蒲公英拿在手里，还没来得及仔细观察，突然一阵风吹来，许多伞一样的小绒毛便满天飞舞起来，其中有几个"小伞"落到了一棵

槐树下的泥土里。爷爷见状，告诉兰兰："快给它们铺上一层土，用水浇一下，明年会有惊喜哦！"

·植物小百科··

　　蒲公英是菊科蒲公英属多年生草本植物。它的种子形态非常特殊，和其他植物都不同，蒲公英的种子上面有白色的小绒毛，许许多多的种子组合在一起就会形成一个小绒球。微风袭来，它的种子就像降落伞一样飘走，然后慢慢降落在其他地方生根发芽，长出新的蒲公英。

　　蒲公英的花朵是亮黄色的，有许多花瓣，等成熟后会变成一把毛茸茸的小伞。虽然蒲公英的

花朵没有香气，却洋溢着春天的气息。蒲公英有很强的适应能力和顽强的生命力，田边野地、花园苗圃、沙地海滩都是它的乐园。

·提问小课堂·

兰兰 爷爷，蒲公英有什么美丽的传说吗？

爷爷 传说有一个花王国，国王有五个漂亮的女儿，她们分别是牡丹公主、玫瑰公主、水仙公主、百合公主和蒲公英公主。蒲公英公主年龄最小，别的姐姐都十分貌美，可是她却很不起眼。

后来，竹王国的国王派使者前来为竹王子求一段好姻缘，牡丹公主、玫瑰公主、水仙公主、百合公主都想嫁给竹王子。虽然蒲公英也很喜欢竹王子，但她很自卑，躲了起来不敢露面。最终，牡丹公主和百合公主被选中，她们便随使者前往竹王国，开始了新的生活。

然而没过多久，竹王子得了一种怪病，他的全身长满了黄斑，医生说如果得不到及时治疗就会有生命危险，但是这种病只有天山冰峰上的雪莲才能治。蒲公英公主不顾所有人的阻拦，独自前往遥远的天山寻找雪莲。

　　她刚到天山脚下，就遇到了守护雪莲的女巫，女巫告诉她，如果想拿走雪莲，就必须牺牲自己，从此不能再回花王国，只能四处漂泊。蒲公英公主为了救竹王子便答应了女巫的条件，成功摘到了雪莲，竹王子也因此得救了，而蒲公英公主却开始了浪迹天涯的漂泊人生。蒲公英的花语"无法停留的爱"便由此而来，这也许是对蒲公英最好的诠释。

37 向日葵
——向日葵总是朝向太阳吗？

　　今天，兰兰和爷爷一起去观察向日葵。向日葵的茎很粗，上面还有许多小刺。它的叶子像个大鸡心，摸起来有一层硬毛。圆形的果盘外面是一层绿色的小叶片，里面一层是一片片的黄花，中间是葵花子，也就是它的种子。爷爷说："等它

成熟的时候，黄花就落下来，葵花子就成熟了，我们就有瓜子吃了。"

··植物小百科··

　　向日葵是菊科向日葵属植物，又名"朝阳花""望日莲""太阳花"等，因为它的花朵总是随着太阳转动而得名。向日葵原产于北美洲，它喜欢阳光，能耐高温和低温，常常生长在路边、田野和草地。

　　向日葵不仅观赏价值高，药用价值也很高，它的很多部位都可以入药使用，有清热解毒和止痛等多种功效。除此之外，它还有修复土壤的绿化功能，它的根能提取土壤中的有害污染物。它的种子有很高的食用价值，人们把它的种子加工成各种口味的瓜子，深受人们喜爱。

·提问小课堂·

🐵 **兰兰** 有人说，如果你想知道太阳在哪儿，看向日葵的朝向就可以了。爷爷，向日葵真的总是朝向太阳吗？

👴 **爷爷** 当然不是了。向日葵中含有一种植物生长素，这种生长素害怕阳光，当太阳公公照射它时，它就害怕地跑到太阳公公照射不到的那一侧。这时生长素就发挥它的作用了，它会刺激背光的一侧细胞快速繁殖，是不是很奇妙呢？背光那一侧有生长素的帮助，就会比向光那一侧生长得快，这时候就会产生向日葵向阳光弯曲的现象。等到太阳公公下山，月亮姐姐出来的时候，向日葵体内的生长素就躁动不安了，一个个活蹦乱跳，准备肆意玩耍。但是，向日葵体内的生长素并不是均匀分布的，它们平时都自动聚集在西侧，也就是说，当太阳公公照射不到向日葵的时候，向日葵是朝向东方的。

38 含羞草

——含羞草为什么会害羞？

天气晴朗，爷爷买了几盆花草回来，兰兰冲进阳台，想看看爷爷又买了什么花草。兰兰看到了一盆草，

它是用一个紫色的花盆栽种的。这盆草的茎是圆柱状的，主茎的两边长着一根根淡绿色的小枝，小枝上长着一片片叶子，就像一把把芭蕉扇。兰兰越看越喜欢，忍不住摸了它一下，不摸不知道，一摸吓一跳。不管摸哪一片叶子，它都会闭合在一起，要等几秒钟后才慢慢舒展开。兰兰被这神奇的一幕惊呆了，便跑去问爷爷这是什么，爷爷笑着说："这叫含羞草。"

·植物小百科·

含羞草是豆科含羞草属草本植物，它的叶子在强光的照射下或受到刺激时会产生反应，闭合起来，十分神奇。它原产于南美热带地区，喜欢温暖湿润的环境，对土壤没有严格的要求。含羞草还有感应草、知羞草和害羞草等别名。

含羞草是一种常见的野外植物，但也能在室内种植，具有较好的观赏性，适宜作为阳台、室内的盆栽花卉。

·提问小课堂·

兰兰 爷爷，含羞草为什么会害羞呢？

爷爷 含羞草原产于巴西，巴西大部分处于热带雨林气候，总是会有大风大雨。这样的气候造就了含羞草的一种特殊本领，当雨季来临时，含羞草就进入备战状态了。雨滴落在叶子上时，含羞草会立刻闭合叶片，叶柄下垂，这样才能顺利地躲过狂风暴雨的伤害。另外，含羞草一般生长在丛林中，这里总有动物出没，它闭合叶子也是为了不被动物吃掉，这是一种保护自己的方式。

兰兰 那如果总是触碰含羞草会有什么影响吗？

爷爷 含羞草全株都是带有毒性的，经常触碰容易危及人们的身体健康。而且含羞草经常被触碰的话对它的生长不利，容易给它带来损伤，所以最好不要总是触碰。

39 胡杨
——胡杨树能活多少年？

这个假期，兰兰一家人去了内蒙古额济纳旗看胡杨林。到达目的地后，兰兰被眼前的景象震撼了。河的两岸是一大片土黄色，原生态的胡杨林，像一大群士兵在

为祖国站岗放哨。走近细看，一棵棵胡杨树高大耸立，形态各异，深褐色的树干上挂满了如银杏叶般的金色叶子。远远望去，胡杨林和蓝天倒映在静静的河面上，好一派天地美景！

·植物小百科·

胡杨是杨柳科杨属植物，树高可达15米，在普遍低矮的沙漠植物中，胡杨堪称"巨人"。

胡杨是一种珍贵的森林资源，具有适应沙漠环境的特殊本领，能在风沙中屹立不倒。胡杨在中国主要分布于内蒙古、新疆地区，它能够防风固沙，保持生态平衡，调节区域气候，因此胡杨也被人们誉为"沙漠守护神"。

·提问小课堂·

兰兰 爷爷，我看网上对胡杨树能活多少年有两种说法，有人说胡杨树能活千年，有"生而一千年不死，死而一千年不倒，倒而一千年不朽"的美丽传说。但科学家却说这一说法缺乏科学依据，胡杨树虽然寿命长，但说它能活千年实属夸张。那么，胡杨树到底能活多少年呢？

👴 **爷爷** 通常来说胡杨树可以活200多年。

👧 **兰兰** 居然能活这么久！那它为什么能活这么久呢？

👴 **爷爷** 我国的胡杨树都生长在荒漠地区，这种树肯定是既耐寒，又耐旱，还抗风沙，有很强的生命力。其实这一切都归功于胡杨树超级强大的根系，胡杨树的根是向地下生长的，它的根系最长可以深达10米。研究发现，成年的胡杨树的横向根系可达100米，也就是说，只要胡杨树的100米之内有地下水，它的根系就会自动找到水源，为自己提供水分。有没有感觉胡杨树很厉害啊？除此之外，胡杨树的存在还能够让很多植物都围绕在它身边生长，比如柽柳、罗布麻、骆驼刺、铃铛刺等。

40 仙人掌

——仙人掌为什么不怕干旱？

有一天，爷爷回来了，还带回一个"新客人"——仙人掌。爷爷说："仙人掌虽然外表不美，但它有顽强的生命力和不屈不挠的精神。在艳阳高照的夏天，别的植物由于经受不住干旱，没几天就枯萎了。仙人掌却不同，它会像一个勇士一样昂首挺胸地站立着，不怕烈日的照射，仍然保持着原来的模样。"

·植物小百科·

仙人掌是仙人掌科仙人掌属植物。仙人掌有很多种类，除了常见的手掌形，还有圆球形、柱形等。它的表面有很多刺，不小心碰到它就会被刺痛。仙人掌喜欢阳光，耐干旱，干旱的生长环境造就了它坚韧不拔的品格。

仙人掌原产于墨西哥，那是仙人掌分布最多的地方。墨西哥人民把仙人掌作为自己国家的象征，在国旗、国徽上都画有仙人掌。

·提问小课堂·

兰兰 爷爷，仙人掌为什么不怕干旱呢？

爷爷 原因总结起来有三条：第一，仙人掌会在地下长出许多根，下雨时这些根就会尽情地吸水，把水分储藏起来，这样干旱的时候它就不会被渴死；第二，仙人掌那像针一样的叶子在干旱的沙漠中可以聚集湿气，凝结成小水珠，然后被埋藏较浅的根吸收；第三，仙人掌茎的表面长着一层又厚又硬的蜡质，它可以防止水分蒸发。

41 断肠草

——有关于断肠草的民间故事吗？

一天晚上，兰兰正躺在沙发上看电视剧。电视剧中的主人公服用了断肠草之后身中剧毒，兰兰便对这断肠草产生了兴趣，于是去问爷爷什么是断肠草。

·植物小百科·

断肠草是马钱科钩吻属的植物，虽然它的名字听起来很吓人，但其实它是一种能开小花的漂亮的植物。断肠草主要生长在海拔2000米以下的山地路旁的灌木丛中，或者潮湿肥沃的丘陵山坡疏林下。

断肠草又叫钩吻、葫蔓藤，它具有很强的毒性，具有驱虫功效。

·提问小课堂·

兰兰 爷爷，有没有关于断肠草的民间故事呀？

爷爷 有啊！传说，乾隆皇帝微服私访江南地区时，有一天夜里在镇江的一家客店休息。夜里他感觉身上奇痒无比，辗转反侧，怎么都睡不着，就穿上衣服出去寻医。他来到一家草药铺，看到草药先生正在勤奋地抄写药书，可见这是个好学之人。乾隆把自己的症状告诉了这位草药先生。草药先生认真检查了一下，说："你得了皮肤病中的一种顽疾——疥癞疮，这种病可以治好，但是要谨遵医嘱。这种草药只能外敷，不能入口服用，更不能用手抓痒，因为这种药有剧毒。"乾隆问这是什么药，草药先生告诉他这叫"断肠草"。乾隆又问："这药真有这么神奇吗？"草药先生说："相传神农尝百草，遇到了一种开着淡黄色的小花的植物。他便摘了几片嫩叶放到口中品尝，刚嚼碎咽下，就毒发身亡了，死法更是奇特，神农的肠子断成了一小节一小节的。所以人们便称这种草药为'断肠草'。"

乾隆用了草药先生的药后，顽疾果然被治愈了。乾隆重赏了这位草药先生，又为他的草药铺题名"神农百草堂"，从此之后这位草药先生和他的草药铺声名大振。

42 见血封喉

——见血封喉为什么被称为"毒木之王"?

　　兰兰在一本植物杂志上看见一种高大的树木，旁边还标注着树的名字——见血封喉。这名字听起来好恐怖，兰兰便问爷爷："这树的名字好可怕呀！怎么叫'见血封喉'呢？"爷爷说："这树不仅名字可怕，毒性更可怕，它被称为'毒木之王'。"

·植物小百科·

见血封喉属于桑科植物，又名箭毒木，是一种四季常青的高大乔木。它是国家三级保护植物，兼具毒性和药用价值。它的叶子边缘呈不规则的锯齿状，树皮是灰色的，上面有泡沫状的凸起，春季开花。它的根系比较发达，抗风力强，即使是在风灾频发的地区，也不易被风刮倒。

见血封喉的叶子和树皮都含有毒汁，我们遇到时一定要注意，千万不要触碰它的叶子和树皮，更要小心眼睛不要被毒汁沾染。

·提问小课堂·

兰兰 爷爷，见血封喉为什么被称为"毒木之王"呢？

爷爷 因为见血封喉含有一种乳白色的汁液，这种汁液有剧毒，可以让人肌肉松弛，血液凝固，最后导致心脏停止跳动。如果这种汁液不小心溅到人的眼睛里，还会令人瞬间失明，所以这是一种非常危险的植物。人或动物一旦中了见血封喉的毒，两小时之内就会死亡。因此，它被称为"毒木之王"。

兰兰 那见血封喉除了会致人畜死亡，就没有积极作用吗？

爷爷 当然有啊！科学家研究发现，这种植物在强心、加速心率等方面有一定的药用价值。

43 魔芋

——魔芋和芋头是一种植物吗？

兰兰和爷爷吃完晚饭后出去遛弯儿，路过小吃街的时候看到有卖麻辣烫的。麻辣烫摊位上摆着各种蔬菜，还

有蟹棒、鱼豆腐、鹌鹑蛋等，突然一个白色的东西映入眼帘，兰兰从来都没有吃过，便问爷爷："这是什么呀？"爷爷回答："这叫魔芋，是很好的减脂食物，吃了对肠胃大有益处！"

·植物小百科·

魔芋是天南星科魔芋属的植物，古时候人们称它为妖芋。魔芋性寒，味平，可用作药物消肿去毒。

魔芋中含有丰富的淀粉、蛋白质、葡萄糖、维生素、果糖和果胶等。生魔芋有毒，需要经过处理才能药用、食用。经常食用魔芋大有益处，可以降血压、降血糖、排毒通便等。

·提问小课堂·

兰兰 爷爷，魔芋和芋头是一种植物吗？

爷爷 不是的，魔芋和芋头是两种完全不同的植物，虽然它们都属于天南星科，但是魔芋是魔芋属的植物，芋头是芋属的植物。芋头的球茎煮熟就可以食用，而魔芋的球茎需要经过一系列加工后才能食用。另外，芋头块茎比较小，魔芋的块茎要比芋头大很多。

44 紫苜蓿

——你听过关于紫苜蓿的传说吗？

假期，爷爷带兰兰到乡下体验生活，收拾屋子，采摘瓜果蔬菜，之后是兰兰最期待的一项活动：喂小动物。爷爷把放在仓库的饲料拿了出来，兰兰把饲料慢慢倒进盆里，又小心翼翼地把饲料盆放入小动物的窝里。兰兰还仔细看了看饲料的配料表，配料表里的"紫苜蓿"让兰兰一头雾水。

·植物小百科·

紫苜蓿是豆科苜蓿属多年生草本植物，又叫三叶草，原产于土耳其、亚美尼亚、伊朗等地。紫苜蓿在我国的栽培历史悠久，是我国栽培面积最大的牧草，被称为"牧草之王"。

紫苜蓿可以入药，具有多种疗效，它可以降低胆固醇和血脂含量，增强人体免疫力，还能防衰老；也可以用作牧草，营养价值高。同时，还具有食用价值和生态价值，再生能力强，对保持水土有很大的作用。

·提问小课堂·

兰兰 爷爷，原来紫苜蓿就是三叶草啊！听说有的紫苜蓿有四片小叶，四叶草代表幸运，那它一定有什么传说故事！

爷爷 没错，听爷爷给你讲。

先给你讲第一个故事。很久以前，幸运女神在伊甸园里种下了一种珍稀小草，小草的四片叶子分别代表爱情、健康、名声与财富。传说谁能得到这种小草，谁就能得到幸运女神的眷顾，从此生活幸福美满。夏娃听说后就把这种小草带到了人间，想要为人们带来幸运。

爷爷再给你讲一个。传说，有一对很相爱的恋人在一片美丽的桃林里生活，但是有一天，两人因为一件小事闹别扭了，就开始冷战。爱神前往那片桃林，想让他们俩重归于好，就撒谎说："你们俩最近会遇到危险，只有生长在桃林最深处的四叶草才可以挽救你们。"这对情侣听了爱神的话后假装漠不关心，其实心里都很担心对方。在一个下着暴雨的夜晚，两个人都偷偷跑到桃林最深处去寻找四叶草，希望能挽救对方的生命。当知道对方都很在乎自己时，他们深受感动，情不自禁地拥抱在了一起。这时爱神出现了，告诉他们："这其实是我撒的一个谎言罢了，但是这个谎言见证了你们的爱情。只有彼此在乎、彼此珍惜的人才配拥有幸福。你们的幸福来之不易，好好珍惜吧！"

45 红树

——红树林有什么作用？

有一天，兰兰和家人到风景奇异的红树林游览。兰兰发现这里十分广阔，四周古树参天，树下绿草如茵，鸟鸣声不绝于耳。走着走着，兰兰眼前浮现出一片密密麻麻的红树，那片红热情如火，十分壮观，兰兰被这眼前的美景惊呆了。

·植物小百科·

红树是红树科红树属的高大乔木。与其他植物不同的是，红树的发育方式是"胎生"。红树的种子在母树的枝条上发芽，然后长成幼苗，最后它会选择离开母树，掉落在沙滩上，独自顽强地生长。

红树一般生长在海岸泥沙淤积的地方，这些

地方的地基不稳定，土壤里缺少氧气，还含有很多盐，但是红树有自己独特的生长方式。在这种恶劣的环境下，红树可以依靠自身将多余的盐分排出体外，为自身提供所需要的淡水。

·提问小课堂·

兰兰 爷爷，红树林有什么作用啊？

爷爷 首先，红树林具有重要的生态作用。红树林的生态系统具有多样化的特点，有大量的生物资源，能够为海洋动物提供良好的生长发育环境。同时，红树林主要生长在亚热带和温带地区，气候适宜，所以食物资源比较丰富，每年会有大量的鸟类在此停留，使这里成了候鸟的越冬场所和迁徙中转站。此外，深水区的动物经常在红树林区内寻找食物、休息，并进行繁殖。

其次，红树林有"海岸卫士"的称号。它可以阻挡风浪、促淤保滩、固岸护堤、净化海水和空气。红树林拥有发达的根系，能够减少近岸海域的含沙量；红树林茂密高大，能够有效地抵御风浪袭击。

最后，红树林有药用价值。红树林中的一些品类可以用于生产日常保健产品，能够控制血压，减轻牙疼、咽喉痛和风湿病的疼痛，还能驱蚊和治疗昆虫叮咬。

46 龙血树

——龙血树是如何自我"疗伤"的？

春天到了，树木都发芽了。有笔直挺拔的杨树、婀娜多姿的柳树……但爷爷最喜欢的是种在花盆里的那棵龙血树。这棵龙血树已经在兰兰家度过了五个春秋。渐渐地，它长得跟爷爷一样高了。龙血树枝繁叶茂，像一朵碧绿的蘑菇云，在炎炎夏日能够遮挡窗外刺眼的阳光。兰兰问爷爷："您为什么这

么喜欢龙血树啊？"爷爷说："龙血树被人们称为
'家庭之肺'，可以净化空气。"

·植物小百科·

龙血树是龙舌兰科龙血树属乔木。龙血树的
植株最高可达 4 米，整个叶子呈宽条形，没有叶
柄，直接从茎顶端生长并垂下来。龙血树主要作
为观赏性植株，它的叶子上会有乳白色或者是米
黄色的条纹，颜色鲜艳，形态优美，适合用来装
饰房间。

龙血树生长非常缓慢，要经过几百年才能长
成一棵树，几十年甚至一百年才会开一次花。所
以龙血树的寿命非常长，人们甚至发现了一棵足
足有 8000 岁的龙血树。

·提问小课堂·

兰兰 爷爷，您知道龙血树是如何自我"疗伤"的吗？

爷爷 龙血树被称为树木大家庭里的"外科医生"，

它可以自己给自己医治。一旦受到创伤，它就会自动流出一种紫红色的树脂，裹住伤口，以阻止体内的水分和营养外流。这和咱们有了外伤后涂抹药物帮助伤口愈合是同一个道理。

47 乌头

——为什么乌头被称为"剧毒圣药"？

爷爷最近关节炎犯了，兰兰从网上查到喝乌头汤可以治疗关节炎，便急忙跑去找爷爷告诉他这个消息："爷爷，听说乌头汤可以治疗您的关节炎，我让妈妈给您煮一锅吧！"爷爷哭笑

不得地说："傻孩子，乌头可不能随便服用，它可是'剧毒圣药'啊！"

·植物小百科·

乌头是毛茛科乌头属草本植物。乌头的块茎肥硕，有肉质感；叶片为薄革质或纸质，是五角的形状；乌头的花朵是蓝紫色的，十分漂亮，具有一定的观赏性。

乌头喜欢温暖湿润的气候，也能适应其他环境，在海拔2000米的高地上也能种植。但在土层深厚、排水性能良好的沙质土壤栽种，乌头能生长得更好。

·提问小课堂·

兰兰 爷爷，您刚刚说乌头有毒，还被称为"剧毒圣药"，这称呼从何而来呢？

爷爷 乌头的块根入药在中国已经有2000多年的历史了，它不仅能够有效缓解风湿疼痛等症状，还是制作麻醉剂的原材料，因此被中医视为"圣药"。但是乌头的块根有剧毒，服用不当或者服用过量就会致人死亡，所以它是一种很难掌握的中药。

兰兰 那您能说一个乌头中毒的例子吗？

爷爷《晋语》中记载，春秋时期，晋献公的宠妃骊姬为了离间晋献公和太子，特地让太子把加了乌头粉的酒肉端上桌去，最终使父子二人反目成仇。

48 夹竹桃
——你知道关于夹竹桃的传说吗？

兰兰家楼下的一棵夹竹桃在灿烂地绽放，从楼上往下看，夹竹桃树像一把撑开的绿绒大伞，伞上点缀着朵朵粉红色的花，非常漂亮。

兰兰迫不及待地拉着爷爷下楼观赏，正当兰兰准备伸手摸夹竹桃的叶子时，爷爷急忙制止她："夹竹桃可是有毒的，只可远观，不能摸，更不能食用！"

·植物小百科·

夹竹桃是夹竹桃科夹竹桃属常绿型大灌木，它的枝条是灰绿色的。夹竹桃是一种观赏价值很高的植物，在夏季开花，它的花朵像桃花，艳丽芬芳，特别漂亮。

值得注意的是，夹竹桃含有剧毒，如果不小心喝了夹竹桃浸泡过的水或者吃了它的果实和种子，都会产生一些中毒反应，比如头疼、恶心、呕吐、腹痛等。

·提问小课堂·

爷爷 兰兰，爷爷考考你，你知道关于夹竹桃的传说吗？

兰兰 这个我知道，之前我在书上看过。传说有一位美丽的公主喜爱夹竹桃，便在自己的宫殿里种满了夹竹桃。后来，这位美丽的公主爱上了自己的家臣，却遭到了家族的反对。但是，家臣并不是真心喜欢她，他只是为了自己的前途。公主知道真相后悲痛欲绝，最后死在了自己心爱的夹竹桃下，她的血浸染了夹竹桃，而怨念生成的剧毒随着根茎生长，夹竹桃开出了红色的花朵，在人世间盛开着。

🗣 **爷爷** 不错！但是关于夹竹桃的传说不止这一个，爷爷再给你讲一个。

传说，欧洲大地之神的女儿肤白貌美，被称为"白妙公主"，很多年轻男子都爱慕她，但是大地之神看不上这些人。有一天，植物之神前来拜访，大地之神觉得他长相英俊，是自己心中的女婿人选，便问他愿不愿意娶自己的女儿，植物之神却说："虽然白妙公主非常漂亮，但她面色憔悴，没有光泽，如果有一天她脸上有了粉红色的光彩时，我会亲自来求婚的。"大地之神十分伤心，他听说把夹竹桃的花朵捣碎之后敷在脸上，面容很快就会有光彩。大地之神照做之后果然灵验了。植物之神听说后，马上按照约定前来向白妙公主求婚，并且得到了众神的祝福。

49 铁桦树

——世界上最硬的树是什么?

兰兰晚上睡不着,非要爷爷给她讲睡前故事。爷爷便开始讲道:"从前,有一棵小草和一棵铁桦树同日而生,它们有缘生长在一起。小草时常被铁桦树遮盖庇护,铁桦树为小草遮风挡雨,它们在一起和睦相处……"故事还没讲完兰兰就

睡着了。第二天兰兰睡醒，就缠着爷爷问："铁桦树是什么啊？我怎么从来没听说过呢？"

·植物小百科·

铁桦树是桦木科桦木属落叶乔木。铁桦树生长速度很慢，它的寿命很长，可达几百年。铁桦树的树皮上面布满了白色小点，虽然看起来是白色，但是它的树皮实际上是暗红色或黑褐色，甚至是黑色，所以铁桦树又被称为"赛黑桦"。

铁桦树的生长需要充足的阳光，但是它也非常耐寒，即使在贫瘠干旱的土地上也能顽强地生存下来。

·提问小课堂·

🧑 **爷爷** 兰兰，你知道世界上最硬的树是什么吗？

👧 **兰兰** 您刚讲完铁桦树，那肯定就是它啦！

🧑 **爷爷** 那你知道铁桦树有多硬吗？

👧 **兰兰** 这个我还真不知道，您给我讲讲吧！

爷爷 铁桦树是世界上最坚硬的树，弹打不穿，刀斧劈不烂，它被人们称为"木王"。铁桦树的木质坚硬无比，如果用石头去砸铁桦树，石头会裂开，而在铁桦树上根本找不到被砸过的痕迹。人们经常把铁桦树的木材当作金属的代用品，将其用于航天配件、游轮配件中。一般木头都会漂浮在水面上，而铁桦树放入水中则会沉底，即使长期泡在水中，它的内部也能保持干燥，不会腐烂，这对于一些船只和航天器材来说，是不可多得的绝佳材料。

50 神秘果

——为什么神秘果会改变人的味觉？

爷爷从西双版纳游玩回来，给兰兰带回来一种神奇的水果。这果子又小又红，兰兰把它洗干净，整个塞到嘴里，轻轻咬破，一股汁水便流了出来，起初没有味道，慢慢地，一股甜味在口腔

中迸发。兰兰问："爷爷，这是什么水果啊？怎么这么甜？"爷爷回答说："神秘果！"

·植物小百科·

　　神秘果是山榄科神秘果属常绿灌木，原产于西非热带丛林地区。之所以称它为"神秘果"，是因为只要吃一点儿神秘果，再吃任何有酸味的食物都会觉得非常甜，这让人觉得非常神奇，所以神秘果也被称为"天下第一奇果"。

神秘果除了调节人的味觉外，还有其他药用价值。它对高血糖、高血压、高血脂有调节作用，也可以治疗痛风、头痛。神秘果的种子还可以缓解喉咙肿痛和心绞痛。用它的叶子泡茶或做菜能够美颜瘦身，排毒通便，控制尿酸。

·提问小课堂·

兰兰 爷爷，为什么神秘果会改变人的味觉呢？

爷爷 因为神秘果中有一种神奇的物质——变味蛋白酶，这种蛋白酶本身没有甜味，可一旦遇到酸性物质，却能够改变舌头上的味蕾对酸的敏感度，提升甜的味道。所以当我们吃完神秘果再吃其他酸性食物，比如柠檬、山楂、酸豆时，就会感觉甜甜的。

兰兰 那神秘果这种把酸变甜的作用是一直都有的吗？

爷爷 当然不是了。这种作用并不是永久性的，少则半小时，多则两个小时，时间长了就会失效的。

观赏植物

51 虞美人

——虞美人是哪国的国花？

春天来了，可兰兰家的虞美人迟迟不肯开花。兰兰每天睡觉前都会观察这盆花，爷爷安慰兰兰说："明天肯定开花，快去睡觉吧！"第二天，太阳刚刚出来，兰兰就赶紧爬起来，穿上衣服，奔向阳台。虞美人真的开花了！花朵朝上绽放，花瓣质薄如绫，光洁似绸，整个花冠似红云，又似彩绸，漂亮极了！

·植物小百科·

虞美人是罂粟科罂粟属的草本植物。它的茎很长，叶子在基部生长，花朵单生在赤裸的花梗顶端。虞美人的花朵有红色、粉色、白色等颜色，有的品种花瓣边缘有斑点，看起来娇滴滴的，具有非常高的观赏价值。

虞美人不仅有很高的观赏价值，还有药用价值。虞美人的花和全株都能入药，有清热解毒、祛湿降燥、治疗头疼发热等功效。

·提问小课堂·

爷爷 兰兰，你知道虞美人是哪国的国花吗？

兰兰 不知道啊！

爷爷 虞美人原产于亚欧大陆的温带地区，又名"丽春花"，是比利时的国花。第一次世界大战时，炮弹炸开泥土，使大量休眠的虞美人种子苏醒过来。战后，原来的战场上开出了成片的虞美人，人们自然而然地将这些花朵当作这场战争的象征，认为它们在悼念阵亡的将士。于是西方人在祭扫阵亡烈士墓的时候，常常会献上美丽的虞美人。

52 风信子
——风信子的花语是什么？

兰兰透过玻璃瓶可以看见风信子的根茎。风信子的根茎很长，紧贴着瓶壁生长，一根一根地舒展开来。兰兰回想刚买来风信子的时候，它的样子像一颗大蒜头，很丑，所以兰兰非常讨厌它。然而时间一长，兰兰发现它越来越美丽了。于是兰兰想去找爷爷好好了解一下风信子。

·植物小百科·

风信子是风信子科风信子属的草本球根类植物。它开花之前形状就像大蒜，它的叶子是绿色有光泽的肉质叶，较为肥厚，呈带状的披针形。它的花朵有白色、红色、蓝色、黄色、紫色等多种颜色。

风信子的球根是有一定毒性的，如果误食会导致中毒。虽然它的观赏性很高，但是有一定的危险，所以家中有小孩子的，尽量不要养风信子。

·提问小课堂·

兰兰 爷爷，风信子的花语是什么呀？

爷爷 风信子的花语是点燃生命和重生之爱，它还有生机盎然的含义。因为它的品种不同，所以各个品种分别代表的花语也不同。

兰兰 您能举几个例子吗？

爷爷 比如：紫色的风信子代表一种忧郁且悲伤的爱；蓝色的风信子代表生命，表达对生命的一种敬畏之意；白色风信子代表恬适、沉静、不敢表露的爱；而粉色风信子代表浪漫的爱情，用来表达爱情里两个人相互欣赏和崇拜。

53 秋海棠

——你知道描绘秋海棠的诗词吗？

清晨，兰兰在爷爷的呼唤中醒来："兰兰快起来，秋海棠开花了！"兰兰一听秋海棠开花了，立马从床上蹦起来冲向阳台。兰兰看到，秋海棠花朵怒放，像一个个含羞的小姑娘低着头。秋海棠的花朵是由四片小花瓣组成的，花蕊黄中带红，花瓣根部是白色的，再向上渐渐变粉，花瓣的上端粉里透白，在阳光下异常美丽。

·植物小百科·

　　秋海棠是秋海棠科秋海棠属草本植物，多为肉质植物。秋海棠总是在秋天开花，它的名字就由此而来。它的花和叶色彩鲜艳，可以用作室内盆栽植物或园艺植物。

　　秋海棠不仅是著名的观赏性植物，还是一种实用的药材，能止血化瘀、治疗痛经等妇科疾病，还可以治疗跌打损伤。但是秋海棠本身具有毒性，如果服用不当可能会出现皮肤瘙痒、腹泻等症状。

·提问小课堂·

兰兰 爷爷，秋海棠这么美丽，肯定有很多描绘它的诗词吧！您教教我吧！

爷爷 清代的纳兰性德写过一首词叫《临江仙·六曲阑干三夜雨》，描写了家中的秋海棠历经夜雨后，仍娇艳地开放。

临江仙·六曲阑干三夜雨

[清]纳兰性德

塞上得家报云秋海棠开矣，赋此。

六曲阑干三夜雨，倩谁护取娇慵。可怜寂寞粉墙东，已分裙钗绿，犹裹泪绡红。

曾记鬓边斜落下，半床凉月惺忪。旧欢如在梦魂中，自然肠欲断，何必更秋风。

54 凤仙花

——凤仙花真的可以当作"指甲油"吗？

兰兰放学回家后告诉爷爷："今天老师布置了一个作业，就是种凤仙花。"爷爷帮兰兰找了个花盆，往花盆里装了些土，放在了阳台上。兰兰开始按照老师上课教的步骤种花。首先，兰兰用手指在土中戳了几个大约1厘米深的洞，把种子轻轻放进了洞里。然后覆盖上一层薄土。埋好土后，兰兰用水壶往盆里浇了点儿水。种好之后，兰兰便兴奋地等着凤仙花发芽。

·植物小百科·

凤仙花是凤仙花科凤仙花属的草本花卉。它的植株比较矮小，花朵有多种颜色，如粉红色、大红色、白色、紫色、黄色等，通常两三朵簇生在一起，非常漂亮。将凤仙花的花瓣和叶子捣碎后涂抹到指甲上，可以为指甲染色，可以说是天然的"指甲油"。

凤仙花全株都可以入药，可以活血消肿，治跌打损伤，是野外求生的"救命稻草"。

·提问小课堂·

兰兰 爷爷，凤仙花真的能当"指甲油"吗？

爷爷 凤仙花的花朵中有一种天然的红棕色素，所以经常被人们当作"指甲油"来使用。很久以前，中国、埃及、中东等地区的女性就开始用凤仙花来染指甲，所以凤仙花也被叫作"指甲花"，它是一种天然的"指甲油"。凤仙花还有抗菌作用，用它来染指甲不仅能让指甲看起来艳丽美观，还能治疗灰指甲、甲沟炎等真菌引起的疾病。

55 长春花

——长春花是在春季开花吗？

一天，兰兰放学回到家，爷爷看她愁眉苦脸的，便问她怎么了。兰兰说："老师让我们写一篇植物观察日记，我冥思苦想，实在不知道观察家里哪盆花好。"爷爷说："今天我新买了一盆花，名叫长春花，你就观察它吧。"兰兰看向那盆长春花，它的叶子一部分是碧绿色的，还有一部分是黄绿色的。叶子与叶子的连接处盛开着一朵朵粉红色的花，每一朵花都由五片花瓣组成。花朵

与叶子完美地搭配在一起，像一个个穿了粉红色裙子的少女在绿色的地毯上翩翩起舞。兰兰把观察到的长春花的特征写了下来。

·植物小百科··

长春花是夹竹桃科长春花属的一种植物。长春花非常容易成活，对土壤和环境的要求都很低，甚至在墙角裂缝处都能开出花来。长春花姿态优美，它的顶端每长出一片叶子，就会冒出两三朵花。

长春花全草可以入药，含多种生物碱，其中最有名的是长春碱，可以用来治疗白血病。

·提问小课堂··

兰兰 爷爷，长春花是在春季开花吗？

爷爷 长春花又名四时春、日日新、四季梅，你还觉得它只在春季开花吗？

兰兰 从名字上看，它是一年四季都开花呀！

爷爷 长春花一般从四五月份开花，能一直持续到10月份左右。养护得当的话，它能从春季一直开到冬季，实现全年持续开花。它的花期很长，但并不是单朵花的花期长，而是它总会有新的花朵不断地长出，而长春花单朵花只能开4天左右。对于喜欢养花的人来说，长春花的观赏性极强，有了它，家里就能四季飘香啦！

56 仙客来

——仙客来是哪个国家的国花？

兰兰家有一位常住的客人——仙客来。刚种出来的仙客来只有十几片绿叶，经过兰兰和爷爷精心照料，它慢慢长出了许多新的绿叶。仙客来的叶子碧绿碧绿的，上面有浅色斑纹，像一把把心形的小伞。此外，仙客来的

绿叶边上像锯齿一样，非常特别。

·植物小百科·

仙客来是报春花科仙客来属草本植物，它是山东省青州市的市花。仙客来的花朵很大，有人形容它像翩翩起舞的蝴蝶，也有人形容它像兔子耳朵，所以也叫它兔耳花、兔子花。它的颜色多样，有红色、白色、紫色等，具有非常高的观赏性。仙客来喜欢在温暖的环境下生长，最好阳光充足，但是它们不能忍受高温天气，不能被阳光直接暴晒。

仙客来本身还有一定的毒性，特别是它的根茎部分。人们如果误食后会引起呕吐、腹泻等症状，皮肤接触后会导致皮肤红肿瘙痒。

·提问小课堂·

爷爷 兰兰，爷爷考考你，仙客来是哪个市的市花呀？

兰兰 您刚才不是讲了吗！山东省青州市。

爷爷 那你知道仙客来是哪个国家的国花吗?

兰兰 不知道。

爷爷 它是圣马力诺共和国的国花。

兰兰 为什么圣马力诺共和国选仙客来做国花呢?

爷爷 圣马力诺位于欧洲南部,是典型的亚热带地中海气候,夏季炎热干燥,冬季温和多雨。又因为它地处高山,海拔比较高,所以与其他地中海气候的地方相比,夏天气温会低一些,冬天又没有那么暖和,特别适合仙客来生长。所以圣马力诺种植了多种多样的仙客来,如欧洲仙客来、地中海仙客来、非洲仙客来、小仙客来等,仙客来也就成了圣马力诺的国花。

57 菊花

—— 菊花究竟有多少个品种?

重阳节这天,爷爷带兰兰去赏菊花。今年的菊花开得十分艳丽,有各种各样的颜色:红的像

燃烧的火焰，黄的像闪光的金子，白的像洁白的云朵……各种颜色搭配在一起，漂亮极了！

植物小百科

菊花是菊科菊属的草本植物。菊花有很多种类：根据花径大小可以分为大菊、中菊和小菊；根据花瓣类型可以分为平瓣、管瓣、匙瓣等。菊花是中国十大名花之一，花中四君子（梅、兰、竹、菊）之一，也是世界四大切花（菊花、月季、康乃馨、唐菖蒲）之一。

菊花是我国的传统花卉，据文献记载，它在中国的栽培历史已有3000年了。菊花的适应能力很强，喜阳光，耐旱，怕涝，也耐寒，最喜欢温暖湿润的环境。

·提问小课堂·

兰兰 爷爷，我和您去公园的时候，发现菊花多种多样。那菊花究竟有多少个品种呢？

爷爷 菊花一开始只是一种黄色的野花，经过人工栽培、杂交育种和自然变异等方式，变成了如今五颜六色的观赏性花卉。有人根据菊花的花瓣形状将菊花分为十种。目前根据记载，全球的菊科植物大约有19000种，我国有3000多个菊花品种呢。

兰兰 居然有这么多种。您能给我介绍几种常见的菊花吗？

爷爷 当然可以。先给你介绍一下墨菊吧。墨菊是中国十大名菊之一。墨菊的花形独特，在开花初期像荷花一样，花是深紫色的。它的枝干是黑紫色的，而且粗细不一。

再给你介绍一种：天鹅舞。天鹅舞盛开时，所有花瓣从内向外伸展，看起来就像在跳天鹅舞一样，它的名字也由此而来。天鹅舞的花朵有黄色、白色、浅红色等多种颜色，常在秋天开花。

58 木兰

——描写木兰花的诗词都有哪些？

放学回家的路上，兰兰告诉爷爷，她今天读了一篇文章《木兰花》。文章中描写木兰花顶着寒风度过严冬，经过整个冬天的沉默，不待叶发，便于早春傲然绽放，伸展着婀娜身姿；它的花朵飘逸而不轻浮，如倚窗而立的少女。兰兰说："我喜欢

木兰花的清雅华贵，从容淡定；我也佩服木兰花的刚毅与坚韧。"

·植物小百科·

木兰是木兰科木兰属的落叶小乔木。木兰花树形态高挑，高可达 5 米。木兰花不同于其他花，它是先开花，花凋谢后才开始长叶子。木兰的花语为"高尚纯洁"，木兰开花时，花朵都傲立枝头，会给人一种既纯白圣洁，又坚强不屈的感觉，让人陡生敬仰之情。

木兰花含苞未放时，花蕾的形状像一个笔头，所以又有"木笔"之称。

·提问小课堂·

👴 爷爷 木兰开花时整棵树别具风情。木兰花不仅外表美丽，更代表着高贵的品质，因此，自古以来就深受古代文人雅士的喜爱。你知道古代文人雅士赞美木兰花的诗词有哪些吗？

兰兰 不知道。爷爷，您给我讲讲吧。

爷爷 今天爷爷就来教你白居易写的两首描绘木兰花的诗，爷爷教你一遍，你可要学着背下来哟！

戏题木兰花

［唐］白居易

紫房日照胭脂拆，素艳风吹腻粉开。

怪得独饶脂粉态，木兰曾作女郎来。

这首诗前两句描写木兰花的颜色与形态，后两句描写木兰花随风而来的香味，全诗描绘出了木兰花的生机勃勃。

题令狐家木兰花

［唐］白居易

腻如玉指涂朱粉，光似金刀剪紫霞。

从此时时春梦里，应添一树女郎花。

这首诗前两句从外观形态上咏赞木兰花，后两句从诗人的自身感受来盛赞木兰花。

59 睡莲

——世界上最大的睡莲和最小的睡莲分别是什么？

一个夏天的傍晚，兰兰和爷爷去公园散步。走到池塘边时，美丽的睡莲便映入兰兰的眼帘。兰兰赞叹道："看，那满池的叶子碧绿碧绿的，就像一张巨大的桌子上摆着一只只绿色的水果盘！"

·植物小百科·

睡莲是睡莲科睡莲属水生浮叶型草本植物。睡莲的叶子并不像荷花的叶子那样挺出水面，而是漂浮在水面上。睡莲白天开花，晚上花朵闭合，故被称作"子午莲"。除此之外，睡莲还有"花中睡美人"的称号。

睡莲喜欢阳光，而且一定要在通风良好的环境下生长。有的睡莲比较耐寒，不需要做过多的防护。但是到了11月份气温下降时，睡莲就会进入休眠期，会一直"睡"到春夏交节。

·提问小课堂·

爷爷 兰兰，你知道世界上最大的睡莲是什么吗？

兰兰 不知道啊，您给我讲讲吧。

爷爷 世界上最大的睡莲是维多利亚亚马孙睡莲，它被列入吉尼斯世界纪录，被称为"世界上最大的开花植物"。它原产于亚马孙河流域，叶子的直径可达3

米，能够承受几十公斤的重量，甚至能够支撑一个人。

🧒**兰兰** 那有没有最小的睡莲呢？

👴**爷爷** 当然有。世界上最小的睡莲是卢旺达睡莲，也叫侏儒睡莲，它的叶子直径只有1厘米左右。人们认为它在野外已经灭绝了，但它的种子被植物学家保存了下来。

60 佛手
——你知道关于佛手的传说吗？

爷爷买回来一盆佛手，他说："佛手全身是宝，它的根、茎、叶、花、果实都可以入药，有燥湿化痰、止咳消胀、疏肝理气等多种功效。佛手自古有'果中之仙品，世上之奇卉'的美誉。"兰兰凑近观察这盆佛手，发现佛手果大概有鸡蛋那么大，颜色是翠绿的，爷爷说等它完全成熟时

是金黄色的。兰兰又凑近闻了闻，它还散发着一股清香呢！

·植物小百科·

佛手是芸香科柑橘属的一种常绿灌木或小乔木。佛手的果肉馥郁香甜，具有很高的营养价值，能为人体补充维生素和多种矿物质。整个果实的形态和人手很像，因此得名"佛手"。

佛手不仅可以食用，还可以入药，主要有止咳化痰、健胃健脾等功效。

·提问小课堂·

爷爷 兰兰，你想不想知道关于佛手的传说？

兰兰 想！您给我讲讲吧。

爷爷 很久以前，一对母子住在浙江省的一个村子里。母亲年老久病，总是觉得腹胀，很不舒服。儿子为了给老母亲治病，遍寻名医但还是无济于事。有一天晚上，儿子做了一个梦，梦里有个仙女赐给他一个形状像手一样的果子。他让母亲闻了闻，母亲的病就好了。儿子一觉醒来，下定决心要找到梦里见到的果子。

从此他便踏上了寻找果子的征途。有一天，他坐在一块岩石上休息，一只仙鹤突然飞来，告诉他："金华山上有果子可以救你母亲的性命，但是你必须在明晚子时前赶到山门处，错过了果子可就没了。"

第二天夜里12点，他终于抵达金华山的山门口，只见一位仙女飞来。他睁大眼睛看了半天，这不就是自己梦中见到的仙女吗？仙女对他说："你的孝心感动了我，今天就送你一颗天橘，可以治你母亲的病。"他感激不尽，希望仙女再赐给他一株天橘苗，这样母亲就能天天闻到天橘的香味，永远不会生病了。仙女答应了他的请求。

儿子回来之后，将天橘给母亲闻了闻，母亲的病果然好了。而仙女赐给他的天橘苗，经过他的辛勤栽培，造福了整个村子。村子里的百姓都认为仙女是观音菩萨，而天橘果子的形状又像仙女的仙手，所以就把天橘称为"佛手"。